Höhere Mathematik I und II

Skript

zur Vorlesung

für Elektrotechniker

und

Physiker

Prof. Dr. Stanislaus Maier-Paape

30. September 2014

3. Auflage

Prof. Dr. Stanislaus Maier-Paape
Höhere Mathematik I und II

ISBN: 3-86130-914-9
3. Auflage 2014

Bibliografische Information der Deutschen Bibliothek
Die Deutsche Bibliothek verzeichnet diese Publikation in der Deutschen Nationalbibliografie; detaillierte bibliografische Daten sind im Internet über http://dnb.ddb.de abrufbar.

Vertrieb:

3. Auflage 2014
© Verlagshaus Mainz GmbH Aachen
Süsterfeldstr. 83, 52072 Aachen
Tel. 0241/87 34 34
Fax 0241/87 55 77
www.Verlag-Mainz.de

Herstellung:

Druck und Verlagshaus Mainz GmbH Aachen
Süsterfeldstraße 83
52072 Aachen
Tel. 0241/87 34 34
Fax 0241/87 55 77
www.DruckereiMainz.de
www.Druckservice-Aachen.de

Satz: nach Druckvorlage des Autors
Umschlaggestaltung: Druckerei Mainz

printed in Germany

Vorwort

Das vorliegende Skript entstand begleitend zu meinen Vorlesungen

„Höhere Mathematik I und II“

im WS 2005/06 und SS 2006 und wurde seitdem durch mehrere Korrekturen ergänzt. Während Definitionen und Sätze überwiegend vollständig vorhanden sind, sind die dazugehörigen Beweise oft nur als Beweisidee, bzw. gar nicht, vorhanden. Auch Beispiele sind nur unvollständig wiedergegeben. Das Skript ist daher nur als roter Faden zu verstehen.

Zum genaueren Erlernen der Theorie bedarf es unbedingt des Besuchs der Vorlesungen und Übungen, sowie der gewissenhaften Nachbearbeitung der präsentierten Lerninhalte.
Es sei an dieser Stelle aber auch darauf hingewiesen, dass zum Verständnis der Inhalte der Vorlesung eine regelmäßige selbstständige Bearbeitung der Übungsaufgaben (Teil B) unerlässlich ist.

Als weiterführende Literatur empfehle ich primär die Bücher von Meyberg und Vachenauer [MV01a] und [MV01b]. Ebenso hilfreich, aber umfangreicher, sind die Bücher von Burg, Haf und Wille, [BHW97], [BHW92] und [BHW93].

Die Druckvorlage hat Frau H. Boujé geschrieben. Frau L. Roth und die Herren Prof. Dr. D. Blömker, Dr. M. Kyed, F. Roeser, N. Winter und P. Reiter haben das Manuskript kritisch durchgesehen.

Ihnen allen danke ich sehr herzlich für ihre Mitarbeit.

Aachen, September 2014
Stanislaus Maier-Paape

Prof. S. Maier-Paape
Institut für Mathematik
RWTH Aachen
Templergraben 55
52062 Aachen

Inhaltsverzeichnis

Kapitel 1

Grundlagen und Zahlen

1.1 Mengenlehre und Aussagenlogik

Was ist Mathematik?

> Die meisten denken dabei an Zahlen bzw. Rechnen.
> Wichtiger sind jedoch die Strukturen.

gesucht: systematischer (widerspruchsfreier) Aufbau $\rightsquigarrow$ (Axiome)

Irrglaube: „Echte Gewissheit gibt es nur in der Mathematik" $\rightsquigarrow$ fundamentale Krise (1900 – 1920).

Naive Mengenlehre

Menge = „ungeordnete Zusammenfassung von bestimmten, wohlunterscheidbaren Objekten" (den Elementen)

Beispiele:
$D := \{$1. Jan, 2 Jan,..., 31 Dez$\}$ = Tage des Jahres
$S := \{$Hans Maier, Gabi Müller,...$\}$ = Studenten dieser Vorlesung
$\in$: „ist Element von", $\notin$: „ist nicht Element von"

Definition 1.1.1 (Beziehungen zwischen Mengen)

Teilmenge: $A \subset B$, *wenn jedes Element von* A *auch in* B *enthalten ist.*

Obermenge: $A \supset B$, *wenn* $B \subset A$.

Gleichheit: $A = B$, *wenn* $A \subset B$ *und* $B \subset A$.

Ungleichheit: $A \neq B$, *wenn* $A = B$ *nicht gilt.*

Definition 1.1.2 (Operationen auf Mengen)

Vereinigung: $C := A \cup B$, *„A vereinigt mit B".*

Durchschnitt: $D := A \cap B$, *„A geschnitten mit B".*

Komplement: $F := A^c$, *„Komplement von A"(relativ zu einer Obermenge).*

Differenz: $E := A \setminus B = A \cap B^c$, *„A ohne B".*

Definition 1.1.3 (spezielle Mengen)

Leere Menge: $\emptyset := \{\ \}$.

Potenzmenge: $\mathcal{P}(A) := \{B : B \subset A\}$ *(Menge aller Teilmengen).*

Disjunktheit: $A \cap B = \emptyset$, *„A und B sind disjunkt".*

Definition 1.1.4 (Zahlenmengen)

$\mathbb{N} := \{1, 2, 3, ...\}$ *(Menge der natürlichen Zahlen)*
$\mathbb{Z} := \{0, 1, -1, 2, -2, ...\}$ *(Menge der ganzen Zahlen)*
$\mathbb{Q} := \{\frac{p}{q} \colon p, q \in \mathbb{Z}$ *und* $q \neq 0\}$ *(Menge der rationalen Zahlen – „Brüche")*

Lemma 1.1.5 (Rechenregeln)

Doppeltes Komplement: $(A^c)^c = A$

Kommutativität:
$$A \cap B = B \cap A$$
$$A \cup B = B \cup A$$

Assoziativität:
$$(A \cap B) \cap C = A \cap (B \cap C)$$
$$(A \cup B) \cup C = A \cup (B \cup C)$$

Distributivität:
$$A \cup (B \cap C) = (A \cup B) \cap (A \cup C)$$
$$A \cap (B \cup C) = (A \cap B) \cup (A \cap C)$$

De Morgan–Regeln:
$$(A \cap B)^c = A^c \cup B^c$$
$$(A \cup B)^c = A^c \cap B^c$$

Elementare Aussagenlogik

Bereits verwendete logische Verknüpfungen:

entweder ... oder ... / sowohl ... als auch ... / wenn ... dann ...

Definition 1.1.6 (Aussagen)

Eine (mathematische) Aussage ist eine Behauptung, die nur **wahr** *oder* **falsch** *sein kann.*

Meist hängen Aussagen von einem oder mehreren „Unbekannten" (Parametern) ab.

Beispiel: $\mathcal{G}(s, d) =$ (Stud. s hat am Tag d Geburtstag)

hier: $s \in S$, $d \in D$

Definition 1.1.7 (Verknüpfungen zwischen Aussagen)

Negation:	$\neg\mathcal{A}$, „*nicht* $\mathcal{A}$“
Disjunktion:	$\mathcal{C} := \mathcal{A} \vee \mathcal{B}$, „$\mathcal{A}$ *oder* $\mathcal{B}$“
Konjunktion:	$\mathcal{D} := \mathcal{A} \wedge \mathcal{B}$, „$\mathcal{A}$ *und* $\mathcal{B}$“
Implikation:	$\mathcal{E} := (\mathcal{A} \Rightarrow \mathcal{B}) := (\neg\mathcal{A} \vee \mathcal{B})$, „*aus* $\mathcal{A}$ *folgt* $\mathcal{B}$“
Äquivalenz:	$\mathcal{F} := (\mathcal{A} \Leftrightarrow \mathcal{B}) := ((\mathcal{A} \Rightarrow \mathcal{B}) \wedge (\mathcal{B} \Rightarrow \mathcal{A}))$, „$\mathcal{A}$ *ist äquivalent zu* $\mathcal{B}$“.

Analogie zwischen Mengenlehre und Aussagenlogik

$$\begin{aligned}
(A \subset B) &\iff \big((x \in A) \Rightarrow (x \in B)\big)\\
(A = B) &\iff \big((x \in A) \Leftrightarrow (x \in B)\big)\\
C = A \cap B &\iff C = \big\{x\colon (x \in A) \wedge (x \in B)\big\}\\
D = A \cup B &\iff D = \big\{x\colon (x \in A) \vee (x \in B)\big\}\\
E = A \setminus B &\iff E = \big\{x\colon (x \in A) \wedge (x \notin B)\big\}
\end{aligned}$$

Es lassen sich aber auch neue Aussagen über Mengen formulieren, wie etwa

Transitivität der Inklusion $((A \subset B) \wedge (B \subset C)) \Rightarrow A \subset C$.

Lemma 1.1.8 (Elementare Tautologien (wahre Aussagen))

Doppelte Negation:	$\neg(\neg\mathcal{A})$	$\iff$	$\mathcal{A}$
Kommutativität:	$(\mathcal{A} \wedge \mathcal{B})$	$\iff$	$(\mathcal{B} \wedge \mathcal{A})$
	$(\mathcal{A} \vee \mathcal{B})$	$\iff$	$(\mathcal{B} \vee \mathcal{A})$
Assoziativität:	$(\mathcal{A} \wedge (\mathcal{B} \wedge \mathcal{C}))$	$\iff$	$((\mathcal{A} \wedge \mathcal{B}) \wedge \mathcal{C})$
	$(\mathcal{A} \vee (\mathcal{B} \vee \mathcal{C}))$	$\iff$	$((\mathcal{A} \vee \mathcal{B}) \vee \mathcal{C})$
Distributivität:	$(\mathcal{A} \wedge (\mathcal{B} \vee \mathcal{C}))$	$\iff$	$((\mathcal{A} \wedge \mathcal{B}) \vee (\mathcal{A} \wedge \mathcal{C}))$
	$(\mathcal{A} \vee (\mathcal{B} \wedge \mathcal{C}))$	$\iff$	$((\mathcal{A} \vee \mathcal{B}) \wedge (\mathcal{A} \vee \mathcal{C}))$
De Morgan-Regeln:	$\neg(\mathcal{A} \wedge \mathcal{B})$	$\iff$	$(\neg\mathcal{A} \vee \neg\mathcal{B})$
	$\neg(\mathcal{A} \vee \mathcal{B})$	$\iff$	$(\neg\mathcal{A} \wedge \neg\mathcal{B})$
Idempotenz:	$(\mathcal{A} \vee \mathcal{A})$	$\iff$	$\mathcal{A}$
	$(\mathcal{A} \wedge \mathcal{A})$	$\iff$	$\mathcal{A}$
Def. Implikation:	$(\mathcal{A} \Rightarrow \mathcal{B})$	$\iff$	$(\neg\mathcal{A} \vee \mathcal{B})$
Kontraposition:	$(\mathcal{A} \Rightarrow \mathcal{B})$	$\iff$	$(\neg\mathcal{B} \Rightarrow \neg\mathcal{A})$
Transitivität d. Implikation:	$\big((\mathcal{A} \Rightarrow \mathcal{B}) \wedge (\mathcal{B} \Rightarrow \mathcal{C})\big)$	$\Longrightarrow$	$(\mathcal{A} \Rightarrow \mathcal{C})$

Äquivalenzen zwischen kombinierten Aussagen können mit Wahrheitstafeln bewiesen werden. **Mengentheoretische Aussagen** lassen sich mit Euler[1]–Diagrammen (auch Venn–Diagrammen), oder Element–Tafeln beweisen.

Definition 1.1.9 (Quantoren)

$\forall$ *„für alle …“, Allquantor.*

$\exists$ *„es gibt/existiert ein …“, Existenzquantor.*

$\exists!$ *oder* $\exists_1$ *„es gibt/existiert genau ein …“*

$\nexists$ *„es gibt kein …“*

Geschachtelte Aussagen

z.B. $\mathcal{A}_0 \;=\; (\forall\, s \in S\ \exists\, d_0 \in D :\ \mathcal{G}(s, d_0))$, „jeder Student hat an einem Tag Geburtstag“.

Lemma 1.1.10 (Verneinungsregeln)

$\neg\,(\forall\, x \in M :\ \mathcal{A}(x)) \iff \exists\, x \in M :\ \neg\,\mathcal{A}(x)$

$\neg\,(\exists\, y \in N :\ B(y)) \iff \forall\, y \in N :\ \neg\,B(y)$

Beispiel zur Verneinung:

$\neg\,\mathcal{A}_0 \;=\; (\exists\, s_0 \in S\quad \forall\, d \in D :\ \neg\,\mathcal{G}(s_0, d))$, „es gibt einen Studenten ohne Geburtstag“ .

Vorsicht: Die Reihenfolge der Quantoren darf nicht vertauscht werden, wenn sie verschieden sind. Vergleiche dazu $\mathcal{A}_0$ mit $\mathcal{A}_3 = (\exists\, d_0 \in D\ \forall\, s \in S :\ \mathcal{G}(s, d_0))$, „alle Studenten haben am gleichen Tag Geburtstag“.

1.2 Addition und Multiplikation reeller Zahlen (Körperaxiome)

Definition 1.2.1 (reelle Zahlen)

$\mathbb{R}$ *bezeichnet die Menge der* **reellen Zahlen**. *Jede als* **Dezimalzahl**

$$m, a_1\, a_2\, a_3 \ldots \qquad (*)$$

dargestellte Zahl, heißt **reelle Zahl**. *Hierbei ist* $m \in \mathbb{Z}$ *und* $a_1, a_2, a_3, \ldots \in \{0, 1, 2, \ldots, 9\}$.
Die Anzahl der Stellen hinter dem Komma darf endlich oder unendlich sein.
Die Zahlen aus $\mathbb{R} \setminus \mathbb{Q}$ *heißen* **irrationale Zahlen**.

Alle $x \in \mathbb{Q}$ haben eine endliche oder eine periodische Darstellung (z.B.: $1 = 0,\bar{9}$). Insbesondere ist die Darstellung $(*)$ nicht eindeutig.

[1] **Leonard Euler (1707 – 1783)**; schweizer Mathematiker

Bemerkung 1.2.2 *Definition 1.2.1 ist problematisch, da nicht klar ist, wie man mit* $(*)$ *umgehen muss.*

Deshalb: axiomatische Herleitung.

Definition 1.2.3 (Körperaxiome)

Eine Menge $\mathbb{K}$ *mit Verknüpfungen „+" und „·", d.h.*
$(x \in \mathbb{K} \wedge y \in \mathbb{K}) \;\Rightarrow\; (x \cdot y \in \mathbb{K} \wedge x + y \in \mathbb{K})$, *heißt* **Körper**, *wenn für alle* $x, y, z \in \mathbb{K}$ *die Axiome (i) – (iii) gelten:*

(i) *Axiome der Addition*

- **(A1)** $x + y \;=\; y + x$
- **(A2)** $x + (y + z) \;=\; (x + y) + z$
- **(A3)** *Es gibt ein Element* $0 \in \mathbb{K}$ *mit* $x + 0 = x$ *für alle* $x \in \mathbb{K}$.
  (neutrales Element)
- **(A4)** *Zu jedem* $x \in \mathbb{K}$ *existiert ein* $y \in \mathbb{K}$ *mit* $x + y = 0$.
  (inverses Element)
  (Schreibweise: $y =: (-x) \in \mathbb{K}$.*)*

(ii) *Axiome der Multiplikation*

- **(M1)** $x \cdot y \;=\; y \cdot x$
- **(M2)** $x \cdot (y \cdot z) \;=\; (x \cdot y) \cdot z$
- **(M3)** *Es gibt ein Element* $1 \in \mathbb{K}$ *mit* $x \cdot 1 = x$ *für alle* $x \in \mathbb{K}$.
  (neutrales Element)
- **(M4)** *Zu jedem* $x \in \mathbb{K}$ *mit* $x \neq 0$ *existiert ein* $y \in \mathbb{K}$ *mit* $x \cdot y = 1$.
  (inverses Element)
  (Schreibweise: $y =: (x^{-1}) \in \mathbb{K}$ *oder* $y =: \left(\frac{1}{x}\right) \in \mathbb{K}$.*)*

(iii) *weitere Axiome*

- **(AM)** $x \cdot (y + z) \;=\; (x \cdot y) + (x \cdot z)$
- **(NNE)** $0 \neq 1$

Beispiele: $\mathbb{Q}$ und $\mathbb{R}$ sind Körper. $\mathbb{N}$ und $\mathbb{Z}$ sind keine Körper.

Alle weiteren Regeln wollen wir durch mathematisches Schließen aus den Axiomen ableiten.

Lemma 1.2.4 *Das inverse Element der Multiplikation ist eindeutig bestimmt, d.h. für alle* $x, y, z \in \mathbb{K}$ *gilt:*

$$\Big((x \cdot y = 1) \;\wedge\; (x \cdot z = 1) \;\Rightarrow\; y = z\Big) \tag{2.1}$$

Übungsaufgabe (geht analog):

Eindeutigkeit des inversen Elements der Addition, d.h. für alle $x, y, z \in \mathbb{K}$ gilt:

$$(x + y = 0) \text{ und } (x + z = 0) \;\Rightarrow\; y = z \,. \tag{2.2}$$

Prinzip des indirekten Beweises:

Behauptung : $\mathcal{A}$ (ist wahr)

$$\left.\begin{array}{ll} \text{Annahme:} & \neg\mathcal{A} \text{ (sei wahr)} \\ \text{durch math. Schließen} & \\ \text{(nur Tautologien):} & \neg\mathcal{A} \Rightarrow \ldots \Rightarrow \ldots \Rightarrow \mathcal{B} \end{array}\right\} \text{Widerspruch !}$$

bekannt: $\mathcal{B}$ ist (offensichtlich) falsch

Also: $\neg\mathcal{A}$ kann nicht wahr sein $\iff$ $\mathcal{A}$ ist wahr.

Lemma 1.2.5 **(i)** *$x \cdot 0 = 0$ für alle $x \in \mathbb{K}$.*

(ii) *$(x^{-1})^{-1} = x$ für alle $x \in \mathbb{K}$ mit $x \neq 0$.*

Wir zeigen nur **(ii)**. Zwischenbehauptung :

$$\left(\forall\, x \in \mathbb{K} \text{ gilt: } \Big((x \neq 0) \overset{!}{\Rightarrow} (x^{-1} \neq 0)\Big)\right) =: \mathcal{A}$$

Beweis durch Widerspruch:

Annahme: es gilt $(\neg\mathcal{A})$. Zu zeigen ist, dass daraus etwas Falsches folgt.

$$(\neg\mathcal{A}) \iff \exists\, x \in \mathbb{K} : \underbrace{\neg\Big(x \neq 0 \;\Rightarrow\; (x^{-1} \neq 0)\Big)}_{\iff (x\neq 0)\,\wedge\,(x^{-1}=0)}$$

für dieses x gilt wegen (i): $0 = 0 \cdot x = x^{-1} \cdot x \overset{(M4)}{=} 1$. Das ist aber falsch; Widerspruch zu (NNE).

Also ist für $x \neq 0$ immer $x^{-1} \neq 0$. Folglich existiert zu x^{-1} ein eindeutiges Inverses $y := (x^{-1})^{-1}$ mit $y \cdot x^{-1} \underset{(M4)}{=} 1$. Da aber auch $x \cdot x^{-1} = 1$ sind y und x **beide** invers zu (x^{-1}). Mit Lemma 1.2.4 also $y = x$.

□

Lemma 1.2.6 **(a)** *Zu je zwei Zahlen $x, y \in \mathbb{K}$ mit $x \neq 0$ existiert genau eine Zahl $z \in \mathbb{K}$ mit*

$$x \cdot z = y \,. \tag{2.3}$$

Schreibweise und Notation: z heißt **Quotient** *von y und x. Wir schreiben $z =: \left(\frac{y}{x}\right)$ oder $z =: (y : x)$ (nur üblich für $\mathbb{K} = \mathbb{Q}$ oder $\mathbb{K} = \mathbb{R}$; sonst besser $z = x^{-1} \cdot y$).*

(b) *Zu* $x, y \in \mathbb{K}$ *existiert genau ein* $z \in \mathbb{K}$ *mit*

$$x + z = y \, . \tag{2.4}$$

Schreibweise und Notation: z *heißt* **Differenz** *von* y *und* x

$z =: (y - x)$ *(nur für* $\mathbb{K} = \mathbb{R}$ *oder Teilmengen davon; sonst besser* $(-x) + y$*)*

Lemma 1.2.7 *Rechenregeln im Körper* $\mathbb{K}$ *für alle* $x, y \in \mathbb{K}$ *gilt:*

(i) $-(-x) = x$

(ii) $(-x) \cdot (-y) = x \cdot y$

(iii) $x \cdot y = 0 \Rightarrow \big((x = 0) \text{ oder } (y = 0)\big)$

Ist auch $u, v \in \mathbb{K}$ *mit* $u, v \neq 0$, *so gilt:*

(iv) $\frac{x}{u} \cdot \frac{y}{v} = \frac{x \cdot y}{u \cdot v} \, , \quad \frac{x}{u} : \frac{y}{v} = \frac{x \cdot v}{u \cdot y}$

(v) $\frac{x}{u} + \frac{y}{v} = \frac{x \cdot v + y \cdot u}{u \cdot v}$ Erweitern

Definition 1.2.8 *Als* **komplexe Zahlen** *definieren wir die Menge* $\mathbb{C} := \{(x, y) : \; x, y \in \mathbb{R}\}$ *mit folgender Addition und Multiplikation:*

$$(x_1, y_1) \oplus (x_2, y_2) := (x_1 + x_2 \, , \; y_1 + y_2) \in \mathbb{C} \tag{2.5}$$

$$(x_1, y_1) \odot (x_2, y_2) := (x_1 x_2 - y_1 y_2 \, , \; x_1 y_2 + x_2 y_1) \in \mathbb{C} \tag{2.6}$$

Das Nullelement ist $n := (0, 0) \in \mathbb{C}$, *das Einselement ist* $e := (1, 0) \in \mathbb{C}$.

Satz 1.2.9 *Auch* $\mathbb{C}$ *ist ein Körper.*

Nachweis der Axiome, z.B.:

ad (A4): Zu $z = (x, y)$ setze $(-z) := (-x, -y)$. Dann gilt

$$\begin{aligned} z \oplus (-z) &= (x, y) \oplus (-x, -y) \\ &= (x - x \, , \; y - y) = (0, 0) = n \end{aligned}$$

ad (M4): Zu $z = (x, y)$ mit $z \neq n = (0, 0)$ setze

$$z^{-1} := \left(\frac{x}{x \cdot x + y \cdot y} , \frac{-y}{x \cdot x + y \cdot y} \right) .$$

Dann gilt:

$$\begin{aligned} z \odot z^{-1} &= (x,y) \odot \left(\frac{x}{x \cdot x + y \cdot y}, \frac{-y}{x \cdot x + y \cdot y}\right) \\ &= \left(\frac{x \cdot x}{x \cdot x + y \cdot y} - \frac{y \cdot (-y)}{x \cdot x + y \cdot y}, \frac{x \cdot (-y)}{x \cdot x + y \cdot y} + \frac{y \cdot x}{x \cdot x + y \cdot y}\right) \\ &= (1,0) = e \,. \end{aligned}$$

Schreibweise: Für die Addition „$\oplus$“ in $\mathbb{C}$, schreiben wir der Einfachheit halber wieder nur „+“. Analog: „$\cdot$“ statt „$\odot$“, also etwa $z_1 z_2 = z_1 \cdot z_2 := z_1 \odot z_2$.

Ebenso:
$$\begin{aligned} 0 &:= n \in \mathbb{C} \\ 1 &:= e \in \mathbb{C} \\ i &:= (0,1) \in \mathbb{C} \,. \end{aligned}$$
(i heißt **imaginäre Einheit**)

Dann gilt für $x, y \in \mathbb{R}$

$$\begin{aligned} z = (x,y) &= x \cdot (1,0) + y \cdot (0,1) \\ &= x \cdot \underbrace{1}_{\in \mathbb{C}} + y \cdot \underbrace{i}_{\in \mathbb{C}} \,. \end{aligned}$$

Wir schreiben dafür auch kurz $z = x + iy$. Die reellen Zahlen $x \in \mathbb{R}$ werden vermöge $x = x + i \cdot 0 \in \mathbb{C}$ mit der Teilmenge $\{(x,0) \colon x \in \mathbb{R}\} \subset \mathbb{C}$ identifiziert.

Es gilt: $i \cdot i = (0,1) \cdot (0,1) = (-1,0) = -1 \in \mathbb{C}$.

Definition 1.2.10 *Sei* $z = x + iy \in \mathbb{C}$.

Dann heißt $x =: Re(z) \in \mathbb{R}$ **Realteil** *von* z

$y =: Im(z) \in \mathbb{R}$ **Imaginärteil** *von* z

$\overline{z} := x - iy \in \mathbb{C}$ *heißt die* **zu** z **konjugierte Zahl.**

Lemma 1.2.11 $Im(z \cdot \overline{z}) = 0$.

Beispiel: $z = \dfrac{2-i}{4+i} = \dfrac{(2-i)(4-i)}{(4+i)(4-i)} = \dfrac{(8-1) + (-4-2)i}{17} = \dfrac{7}{17} - \dfrac{6}{17}i$

$$Re(z) = \frac{7}{17} \text{ und } Im(z) = -\frac{6}{17}$$

1.3 Anordnungsaxiome

Reelle Zahlen kann man der Größe nach anordnen. Die dabei zu Grunde liegenden Gesetze sind die **Anordnungsaxiome**.

Definition 1.3.1 *Ein Körper $\mathbb{K}$ mit Anordnungsrelation „>" heißt total angeordneter Körper (in Zeichen: $(\mathbb{K}, >)$), falls folgende Axiome erfüllt sind:*
(T1) *Jedes $x \in \mathbb{K}$ erfüllt genau eine der Beziehungen*

$$x > 0\,,\ x = 0\,,\ \textit{oder}\ (-x) > 0\,.$$

Für alle $x, y \in \mathbb{K}$ gilt:
(T2) $x > 0 \wedge y > 0 \Rightarrow x + y > 0$

(T3) $x > 0 \wedge y > 0 \Rightarrow x \cdot y > 0$

Beispiele: $\mathbb{Q}$ und $\mathbb{R}$ sind total angeordnete Körper.

Schreibweise: Für $x, y \in \mathbb{K}$ setzen wir

$$x > y \ :\Longleftrightarrow\ x - y > 0$$
$$x < y \ :\Longleftrightarrow\ y > x$$

Lemma 1.3.2 *Im total angeordneten Körper $(\mathbb{K}, >)$ gelten:*
(O1) *Für alle $x, y \in \mathbb{K}$ gilt genau eine der Beziehungen*

$$x < y\,,\ x = y,\ \textit{oder}\ x > y\,. \quad \textit{(Trichotomie)}$$

Für alle $x, y, z \in \mathbb{K}$ gilt:
(O2) $x < y \wedge y < z \Rightarrow x < z$ *(Transitivität)*

(O3) $x < y \Rightarrow x + z < y + z$ *(Monotoniegesetz der Addition)*

(O4) $x < y \wedge z > 0 \Rightarrow x \cdot z < y \cdot z$ *(Monotoniegesetz der Multiplikation)*

Bemerkung 1.3.3 **(T1) – (T3)** *und* **(O1) – (O4)** *sind sogar äquivalent.*

Schreibweise: Für $x, y \in \mathbb{K}$ sei

$$x \geq y \ :\Longleftrightarrow\ (x > y \vee x = y)\,.$$

Lemma 1.3.4 *Für alle $x, y, u, v \in (\mathbb{K}, >)$ gelten:*
(a) $x < y \Longleftrightarrow -y < -x$

(b) $x < y \wedge u < v \Rightarrow x + u < y + v$

(c) $x \cdot y > 0 \Longleftrightarrow \big((x > 0 \wedge y > 0)\ \textit{oder}\ (x < 0 \wedge y < 0)\big)$

(d) $x \neq 0 \Rightarrow x \cdot x > 0$; *insbesondere gilt* $1 > 0$

(e) *für $x \geq 0$ und $y \geq 0$ gilt:* $x^2 \geq y^2 \Longleftrightarrow x \geq y$

Bemerkung 1.3.5 *$\mathbb{C}$ ist kein total angeordneter Körper.*

1.4 Vollständige Induktion

Ziel ist zu zeigen, dass Aussagen $\mathcal{A}(n)$ für alle $n \in \mathbb{N}$ wahr sind.

Satz 1.4.1 (Beweisprinzip der vollständigen Induktion)

Man zeige:

1) *$\mathcal{A}(1)$ ist wahr* *(Induktionsanfang)*

2) *Falls $\mathcal{A}(n)$ wahr ist,* *(Induktionsvoraussetzung)*
   so ist auch $\mathcal{A}(n+1)$ wahr *(Induktionsschritt)*
   (d.h. $[\mathcal{A}(n) \overset{!}{\Longrightarrow} \mathcal{A}(n+1)]$ *für beliebiges $n \in \mathbb{N}$).*

Dann gilt: $\mathcal{A}(n)$ ist für alle $n \in \mathbb{N}$ wahr (Induktionsschluss).

Diesem Prinzip liegt folgende Eigenschaften der natürlichen Zahlen zugrunde:

Satz 1.4.2 *Falls $M \subset \mathbb{N}$ mit*

$$\begin{aligned} &1)\quad 1 \in M \\ &2)\quad (n \in M \;\Rightarrow\; n+1 \in M) \end{aligned} \tag{4.1}$$

Dann gilt bereits $M = \mathbb{N}$.

Beispiel zur vollständigen Induktion:

Für alle $n \in \mathbb{N}$ gilt:

$$1^3 + 2^3 + \cdots + n^3 \overset{!}{=} \frac{n^2 \cdot (n+1)^2}{4}, \tag{4.2}$$

wobei $n^3 = n \cdot n \cdot n$.

Induktionsanfang: $n = 1: \quad 1 = \frac{2^2}{4}$ ist wahr

Induktionsschritt: $\left(\mathcal{A}(n) \overset{!}{\Longrightarrow} \mathcal{A}(n+1)\right)$ oder kurz $(n \to n+1)$

Induktionsvoraussetzung: $\mathcal{A}(n)$

$$\text{Für ein beliebiges } n \in \mathbb{N} \text{ gilt:}\quad 1^3 + 2^3 + \ldots + n^3 = \frac{n^2(n+1)^2}{4}.$$

Induktionsbehauptung: $\mathcal{A}(n+1)$

$$1^3 + 2^3 + \cdots + n^3 + (n+1)^3 \overset{!}{=} (n+1)^2 \, \frac{((n+1)+1)^2}{4}.$$

Zum Beweis von $\mathcal{A}(n+1)$ dürfen wir $\mathcal{A}(n)$ verwenden!

Beweis:
$$1^3 + 2^3 + \cdots + (n+1)^3 = [1^3 + 2^3 + \cdots + n^3] + (n+1)^3$$
$$\overset{\mathcal{A}(n)}{=} \frac{n^2(n+1)^2}{4} + (n+1)^3 =$$
$$\overset{(AM)}{=} \frac{(n+1)^2}{4}\left[n^2 + 4(n+1)\right] = \frac{(n+1)^2 \cdot (n+2)^2}{4}$$

□

Etwas allgemeiner gilt:

Satz 1.4.3 (vollständige Induktion, 2–te Version)
Sei $n_0 \in \mathbb{N}$ fest. Man zeige:

1) $\mathcal{A}(n_0)$ *ist wahr,*

2) $\Big[\Big(\mathcal{A}(n_0) \wedge \mathcal{A}(n_0+1) \wedge \cdots \wedge \mathcal{A}(n)\Big) \Rightarrow \mathcal{A}(n+1)\Big]$ *für beliebiges $n \in \mathbb{N}$ mit $n \geq n_0$*

Dann gilt: $\mathcal{A}(n)$ ist wahr für alle $n \in \mathbb{N}$ mit $n \geq n_0$.

weitere Beispiele:

(i) $\mathcal{A}(n) = (n^2 > 2n + 1$ für $n \geq n_0 := 3)$

(ii) $\mathcal{B}(n) = (2^n > n^2$ für $n \geq n_0 := 5)$

Rekursiv definierte Größen

Beispiel Potenzen:

$$x^2 := x \cdot x\,, \quad x^3 = x \cdot x \cdot x\,, \quad x^n = \underbrace{x \cdot x \cdots x}_{n-\text{mal}} \text{ für } n \in \mathbb{N}\,,$$

oder formal

$$x^n := x \cdot x^{n-1} \quad \text{für } n \geq 2\,.$$

Definition 1.4.4 (Summen- und Produktzeichen)
Seien $x_1, ..., x_n, x_{n+1}, ... \in \mathbb{K}$ (bzw. $\mathbb{R}$) gegeben. Wir setzen

(i) $\displaystyle\sum_{i=1}^{1} x_i := x_1\,, \quad \sum_{i=1}^{n+1} x_i := \left(\sum_{i=1}^{n} x_i\right) + x_{n+1}$ *für alle $n \in \mathbb{N}$*

(ii) $\displaystyle\prod_{i=1}^{1} x_i := x_1\,, \quad \prod_{i=1}^{n+1} x_i := \left(\prod_{i=1}^{n} x_i\right) \cdot x_{n+1}$ *für alle $n \in \mathbb{N}$*

Spezialfall: Falls $x_i = x$ für $i = 1, ..., n$, so gilt $x^n = \prod_{i=1}^{n} x_i$.

Beispiel: $\sum_{i=1}^{n} i^3 = \frac{n^2 \cdot (n+1)^2}{4}$ (vgl. (4.2))

x^n lässt sich auch für $n \in \mathbb{Z}$ erklären:

$$x^0 := 1\,, \quad x^{-n} := \frac{1}{x^n} \quad \text{für } n \in \mathbb{N} \text{ und } x \neq 0\,. \tag{4.3}$$

Lemma 1.4.5 (Rechenregeln):

(i) *Der Wert von* $\sum_{i=1}^{n} x_i$ *bzw.* $\prod_{i=1}^{n} x_i$ *ist unabhängig von der Reihenfolge der* x_i

(ii) $\left(\sum_{i=1}^{n} x_i\right) \cdot \left(\sum_{j=1}^{N} y_j\right) = \sum_{i=1}^{n} \left(\sum_{j=1}^{N} x_i \cdot y_j\right)$ *für* $n, N \in \mathbb{N}$

Lemma 1.4.6 (Potenzgesetze)
Für $x, y \in \mathbb{K}$ *(bzw.* $\mathbb{R}$*)* , $x, y \neq 0$ *und* $p, q \in \mathbb{Z}$ *gilt:*

(i) $x^p \cdot x^q = x^{p+q}$

(ii) $(x^p)^q = x^{p \cdot q}$

(iii) $(x \cdot y)^p = x^p \cdot y^p$

1.5 Das Vollständigkeitsaxiom

Vollständigkeit ist wesentlich z.B. für die Existenz von Grenzwerten.

$\mathbb{N}$ und $\mathbb{Z}$ in $\mathbb{Q}$ eingebettet haben Löcher. Aber auch $\mathbb{Q}$ hat Löcher.

Lemma 1.5.1 *Es existiert kein* $r \in \mathbb{Q}$ *mit* $r^2 = 2$.

Mit $\mathbb{R}$ wollen wir diese Löcher schließen!

Definition 1.5.2 *Sei* $(\mathbb{K}, >)$ *total angeordneter Körper und* $M \subset \mathbb{K}$.

(i) M *heißt* **nach oben beschränkt**, *falls* $(\exists\ S \in \mathbb{K}\colon x \leq S \quad \forall\ x \in M)$
Jedes solche S *heißt* **obere Schranke** *von* M.

(ii) *M heißt* **nach unten beschränkt**, *falls* $(\exists\ R \in \mathbb{K}\colon R \leq x \quad \forall\ x \in M)$
Jedes solche R heißt **untere Schranke** *von M.*

(iii) *Ist M sowohl nach oben, als auch nach unten beschränkt, so heißt M* **beschränkt**.

Beispiele:

$A_1 = \{0, 1, 7, 9\} \subset \mathbb{Q}$ ist beschränkt mit unteren Schranken z.B. $R = 0$ oder $\tilde{R} = -\frac{1}{2}$ und oberen Schranken $S = 9$ oder $\tilde{S} = 100$.

$A_2 = \left\{x \in \mathbb{Q}\colon x = 2 - \frac{1}{n^2} \text{ für ein } n \in \mathbb{Z} \setminus \{0\}\right\}$ hat Schranken $R = 1$ und $S = 2$.
Die Schranken sind nicht zu verbessern, obwohl $S \notin A_2$.

Definition 1.5.3 (Supremum – Infimum)

Sei $(\mathbb{K}, >)$ total angeordneter Körper und $M \subset \mathbb{K}$.

(a) *Falls $S \in \mathbb{K}$*

(i) $(x \leq S \quad \forall\ x \in M)$ *(d.h. S ist obere Schranke)*

und

(ii) $(x \leq \tilde{S} \quad \forall\ x \in M \;\Rightarrow\; S \leq \tilde{S})$
(d.h. von allen oberen Schranken ist S die kleinste)

erfüllt, dann heißt S **kleinste obere Schranke (Supremum)** *von M.*
in Zeichen $S =: \sup M$.

(b) *Falls $R \in \mathbb{K}$*

(i) $(R \leq x \quad \forall\ x \in M)$

und

(ii) $(\tilde{R} \leq x \quad \forall\ x \in M \;\Rightarrow\; \tilde{R} \leq R)$

erfüllt, dann heißt R **größte untere Schranke (Infimum)** *von M.*
in Zeichen $R =: \inf M$.

(c) *Ist $S \in M$, so heißt S* **Maximum** *von M $(S = \max M)$*
Ist $R \in M$, so heißt R **Minimum** *von M $(R = \min M)$.*

Beispiel: $\inf A_2 = \min A_2 = 1$, $\sup A_2 = 2$.

Das jetzt folgende Axiom unterscheidet $\mathbb{R}$ und $\mathbb{Q}$:

Definition 1.5.4 (Vollständigkeitsaxiom (V) – Infimumsversion)
Ein total angeordneter Körper ($\mathbb{K}$ $>$) *heißt* **vollständig**, *wenn* **jede** *nach unten beschränkte, nicht leere Menge* $M \subset \mathbb{K}$ *eine größte untere Schranke (Infimum)* $R = \inf M \in \mathbb{K}$ *besitzt.*

Ohne Beweis sei zitiert, dass die bisher angeführten Axiome, die reellen Zahlen eindeutig bestimmen:

Hauptsatz 1.5.5 *Es gibt „im Wesentlichen" genau einen total angeordneten, vollständigen Körper (welcher Obermenge von* $\mathbb{Q}$ *ist). Dieser Körper heißt Körper der reellen Zahlen* $\mathbb{R}$. *Die Ordnung auf* $\mathbb{R}$ *stimmt mit der ursprünglichen Ordnung auf* $\mathbb{Q}$ *überein.*

Literatur: *z.B. Amann, Escher [AE98], S.99*

Lemma 1.5.6 *Das Supremum (bzw. Infimum) einer nach oben (bzw. unten) beschränkten Menge* $M \subset \mathbb{R}$ *ist eindeutig bestimmt.*

Beliebig nah beim Supremum/Infimum kann man Elemente der Menge auswählen:

Lemma 1.5.7 *Sei* $M \subset \mathbb{R}$ *nach oben beschränkt und* $S = \sup M$. *Dann gilt:*
Für alle $y \in \mathbb{R}$ *mit* $y < S$ *existiert ein* $x \in M$ *mit* $y < x \leq S$.

Lemma 1.5.8 *Die Menge* $\mathbb{N} \subset \mathbb{R}$ *besitzt keine obere Schranke (in* $\mathbb{R}$*!)*

Satz 1.5.9 (Archimedes von Syrakus[2])
Es seien $x, y \in \mathbb{R}$ *mit* $x > 0$ *und* $y > 0$. *Dann existiert ein* $n \in \mathbb{N}$, *so dass* $n\,x > y$ *gilt.*

Satz 1.5.10 (Eudoxos von Kridos[3])
Es sei $x \in \mathbb{R}$ *mit* $x > 0$. *Dann existiert ein* $n \in \mathbb{N}$, *so dass* $0 < \frac{1}{n} < x$ *gilt.*

Weiteres Ziel: Lösen von Gleichungen in $\mathbb{R}$:

Satz 1.5.11 (Intervallschachtelung)
Seien

$$a_1, a_2, \ldots \in \mathbb{R}$$

$$b_1, b_2, \ldots \in \mathbb{R}$$

gegeben mit

$$a_1 \leq a_2 \leq a_3 \leq \cdots \leq b_3 \leq b_2 \leq b_1$$

---

[2]Archimedes von Syrakus (ca. 287 – 212 v. Chr.)
[3]Eudoxos von Kridos (ca. 408 – 355 v. Chr.)

und folgender Eigenschaft:

$$\forall \; \varepsilon > 0 \; \exists \; n \in \mathbb{N} \quad \textit{so dass} \quad b_n - a_n < \varepsilon \, .$$

Dann gilt:

$$\exists_1 \; x \in \mathbb{R} \quad \textit{mit} \quad a_n \leq x \leq b_n \quad \textit{für alle } n \in \mathbb{N} \, .$$

Der Beweis verwendet ganz wesentlich, dass $\mathbb{R}$ vollständig ist.

Folgerung 1.5.12 *Es gibt genau eine positive Zahl $x \in \mathbb{R}$ mit $x^2 = 2$.*
Wir schreiben $x = \sqrt{2}$.

Die Intervallschachtelung findet man durch wiederholte Auswahl immer besserer Näherungen.
Offenbar existiert auch genau eine negative Zahl, die $x^2 = 2$ löst, nämlich $x = -\sqrt{2}$.
Analog gilt:

Folgerung 1.5.13 *Sei $y \in \mathbb{R}$ mit $y \geq 0$ gegeben. Dann gibt es genau eine Zahl $x \in \mathbb{R}_0^+ := \{x \in \mathbb{R} \colon x \geq 0\}$ mit $x^2 = y$. Wir schreiben $x = \sqrt{y}$.*

1.6 Abstand und Betrag reeller Zahlen

Definition 1.6.1 *Für $x, y \in \mathbb{R}$ definieren wir den* **Abstand** *$d(x, y)$ zwischen x und y als*

$$d(x,y) = \begin{cases} x - y & \textit{falls } x \geq y \\ y - x & \textit{falls } x < y \end{cases} \tag{6.1}$$

Satz 1.6.2 *Es gilt:*

(a) $d(x,y) \geq 0 \quad \forall \; x, y \in \mathbb{R}$ **(positiv)** *und*
$[d(x,y) = 0 \iff x = y]$ **(Definitheit)**

(b) $d(x,y) = d(y,x) \quad \forall \; x, y \in \mathbb{R}$ **(Symmetrie)**

(c) $d(x,y) \leq d(x,z) + d(z,y) \quad \forall \; x, y, z \in \mathbb{R}$ **(Dreiecksungleichung)**

Man sieht leicht:

$$d(x,y) = d(x - y \, , 0) \quad \text{für alle } x, y \in \mathbb{R} \, . \tag{6.2}$$

Definition 1.6.3 *Als* **Absolutbetrag** *oder* **Betrag** $|x|$ *einer reellen Zahl* x *bezeichnen wir den Abstand zwischen* x *und* $0 \in \mathbb{R}$:

$$|x| := d(x,0) = \begin{cases} x\,, & \textit{falls } x \geq 0 \\ -x\,, & \textit{falls } x < 0 \end{cases} \tag{6.3}$$

Es folgt unmittelbar:

$$d(x,y) = |x - y| \quad \text{für alle } x,y \in \mathbb{R}\,. \tag{6.4}$$

Satz 1.6.4 *Es gilt:*

(a) $|x| \geq 0 \quad \forall\; x \in \mathbb{R}$ **(positiv)** *und*
$[|x| = 0 \iff x = 0]$ **(Definitheit)**

(b) $|x \cdot y| = |x| \cdot |y| \quad \forall\; x,y \in \mathbb{R}$

(c) $|x + y| \leq |x| + |y| \quad \forall\; x,y \in \mathbb{R}$ **(Dreiecksungleichung)**

Wegen **(b)** *gilt dann auch* $\left|\frac{x}{z}\right| = \frac{|x|}{|z|}$ *für* $x,z \in \mathbb{R}$, $z \neq 0$.

Folgerung 1.6.5 *Für* $x,y \in \mathbb{R}$ *gilt:*

(a) $|x - y| \leq |x| + |y|$

(b) $\big||x| - |y|\big| \leq |x - y|$

(c) $\big||x| - |y|\big| \leq |x + y|$ **(untere Dreiecksungleichung)**

Definition 1.6.6 (Abstand und Absolutbetrag für komplexe Zahlen)
Für $z = x + iy\,,\ w = u + iv \in \mathbb{C}$ *sei definiert:*

Abstand: $d(z,w) := \sqrt{(x-u)^2 + (y-v)^2}$

Absolutbetrag: $|z| := d(z,0) = \sqrt{x^2 + y^2}\,.$

Die Sätze 1.6.2 und 1.6.4, sowie Folgerung 1.6.5, gelten für $\mathbb{C}$ entsprechend. Die in Definition 1.6.6 verwendeten Wurzelzeichen sind gemäß Folgerung 1.5.13 definiert. Folgende Eigenschaften sind leicht selbst einzusehen:

Lemma 1.6.7 (a) *Für* $x \in \mathbb{R}$ *gilt* $|x| = \sqrt{x^2}$.

(b) *Für* $x,y \in \mathbb{R}$, $x \geq 0$ *und* $y \geq 0$ *gilt* $\sqrt{x \cdot y} = \sqrt{x} \cdot \sqrt{y}$.

1.7 Einige elementare Ungleichungen

Satz 1.7.1 **(Bernoullische[4] Ungleichung)**

Für alle $x \in \mathbb{R}$ *mit* $x > -1$, $x \neq 0$ *und alle* $n \in \mathbb{N}$ *mit* $n \geq 2$ *gilt:*

$$(1+x)^n > 1 + nx$$

Lemma 1.7.2 **(Youngsche Ungleichung)**
Sei $\varepsilon > 0$ *und* $x, y \in \mathbb{R}$. *Dann gilt:*

$$|x \cdot y| \leq \frac{\varepsilon}{2}\, x^2 + \frac{1}{2\varepsilon}\, y^2 .$$

Definition 1.7.3 *Für* $x, y \geq 0$ *heißt*

$$\sqrt{x \cdot y} \quad \textbf{geometrisches Mittel } \textit{von } x \textit{ und } y ,$$

$$\textit{und} \quad \frac{x+y}{2} \quad \textbf{arithmetisches Mittel } \textit{von } x \textit{ und } y .$$

Folgerung 1.7.4 *Für* $x, y \geq 0$ *gilt:*

$$\sqrt{x \cdot y} \leq \frac{x+y}{2} .$$

Satz 1.7.5 **(Cauchy[5]–Schwarzsche[6] Ungleichung)**
Für $x_1, ..., x_n \in \mathbb{R}$ *und* $y_1, ..., y_n \in \mathbb{R}$ *gilt:*

$$\begin{aligned} \sum_{i=1}^{n} |x_i \cdot y_i| &\leq \sqrt{\sum_{i=1}^{n} x_i^2} \cdot \sqrt{\sum_{i=1}^{n} y_i^2} \\ &= \|x\| \cdot \|y\| \end{aligned} \tag{7.1}$$

Wir verwenden dabei zur Abkürzung das Zeichen

$$\|x\| := \sqrt{\sum_{i=1}^{n} x_i^2} \geq 0$$

für Vektoren $x := (x_1, ..., x_n)$. $\|x\|$, oder ausgesprochen „Norm von x“ hat für Vektoren eine ähnliche Bedeutung, wie $|x|$ für $x \in \mathbb{R}$ (vgl. Lemma 1.6.7 (a)). $\|x\|$ ist die Länge des Vektors x.

---

[4]Bernoulli Brüder, Jakob I. (1655–1705) und Johann (1667–1748), schweizer Mathematiker
[5]Augustin L. Cauchy (1789–1857), französischer Mathematiker
[6]Hermann A. Schwarz (1843–1921), deutscher Mathematiker

Satz 1.7.6 (Minkowskische[7] Ungleichung)
Für $x_1, ..., x_n \in \mathbb{R}$ *und* $y_1, ..., y_n \in \mathbb{R}$ *gilt:*

$$\sqrt{\sum_{i=1}^{n} (x_i + y_i)^2} \leq \sqrt{\sum_{i=1}^{n} x_i^2} + \sqrt{\sum_{i=1}^{n} y_i^2} \tag{7.2}$$

Diese Ungleichung hat in Vektorschreibweise $[(x+y) := (x_1 + y_1, x_2 + y_2, ..., x_n + y_n)]$ die handliche Form

$$\|x+y\| \leq \|x\| + \|y\| \tag{7.3}$$

Sie heißt **Dreiecksungleichung** für Vektoren – vgl. Satz 1.6.4 (c)).

[7] **Hermann Minkowski (1864–1909), deutscher Mathematiker**

Kapitel 2

Reelle Funktionen, Grenzwert und Stetigkeit

2.1 Funktionen

Definition 2.1.1 (kartesisches Produkt)

(a) *Für zwei Mengen A und B heißt*

$$A \times B := \{ \underbrace{(a,b)}_{\text{geordnete Paare}} : a \in A \wedge b \in B\}$$

das **kartesische Produkt** *von A und B.*

(b) *Für Mengen A_i sei analog*

$$A_1 \times A_2 \times ... \times A_n = \{(a_1, a_2, ..., a_n) \colon a_i \in A_i \text{ für alle } i = 1, ..., n\} .$$

Im Fall $A = A_1 = A_2 = ... = A_n$ schreiben wir $A^n := \underbrace{A \times ... \times A}_{n-\text{mal}}$.

Definition 2.1.2 (Funktion)

Seien A und B zwei Mengen ($A = B$ möglich). Eine Funktion $f \colon A \to B$ ist eine Vorschrift, die jedem $a \in A$ ein **eindeutiges** *$b \in B$ zuordnet. Wir schreiben:*

$$f : \begin{cases} A \to B \\ a \mapsto b =: f(a) . \end{cases}$$

Wir sagen b ist **Bild** *von a, bzw. a ist* **Urbild** *von b. Man nennt A den* **Definitionsbereich** *von f; in Zeichen: $A =: \mathcal{D}(f)$. Die Menge*

$$\mathcal{W}(f) := \{b \in B \colon \exists\, a \in A \text{ mit } b = f(a)\} \subset B$$

heißt **Wertebereich** *von f. Die Menge*

$$G(f) = \{(a,b) \in A \times B : \quad b = f(a)\} \subset A \times B$$

heißt **Graph** *von f.*

Sofern $A \subset \mathbb{R}$ und $B \subset \mathbb{R}$ sprechen wir von **reellen Funktionen**.

Beispiel: $f(x) = |x|$, $f\colon \mathbb{R} \to \mathbb{R}$, $\mathcal{D}(f) = \mathbb{R}$, $\mathcal{W}(f) = \mathbb{R}_0^+ = \{x \in \mathbb{R}\colon x \geq 0\}$.

Definition 2.1.3 *Sei $a, b \in \mathbb{R}$ mit $a \leq b$. Dann heißen die* **beschränkten** *Mengen*

$(a,b) := \{x \in \mathbb{R} : a < x < b\}$ *ein* **offenes** *Intervall*,

$[a,b] := \{x \in \mathbb{R} : a \leq x \leq b\}$ *ein* **abgeschlossenes** *Intervall*,

$(a,b] := \{x \in \mathbb{R} : a < x \leq b\}$ *und*

$[a,b) := \{x \in \mathbb{R} : a \leq x < b\}$ *ein* **halboffenes** *Intervall*.

Ferner definieren wir **unbeschränkte** *Intervalle*

$$(a,\infty) := \{x \in \mathbb{R} : a < x\}, \qquad [a,\infty) := \{x \in \mathbb{R} : a \leq x\},$$
$$(-\infty,b) := \{x \in \mathbb{R} : x < b\}, \qquad (-\infty,b] := \{x \in \mathbb{R} : x \leq b\},$$
$$(-\infty,\infty) := \mathbb{R}.$$

Definition 2.1.4 *Zwei Funktionen sind genau dann gleich, wenn ihr Graph gleich ist, also*

$$f = g \;:\Longleftrightarrow\; G(f) = G(g).$$

Beispiel: $f(x) = (x-1)^2$, $\mathcal{D}(f) = [0,3]$, $\mathcal{W}(f) = [0,4]$. Beispiel einer Menge, die kein Graph einer Funktion ist:

$$M = \{(x,y)\colon (x-1)^2 = y^2\}.$$

Definition 2.1.5 *Sei f eine reelle Funktion. Falls*

(a) $f(x) = f(-x) \quad \forall\, x \in \mathcal{D}(f)$, *so heißt f* **gerade**;

(b) $f(x) = -f(-x) \quad \forall\, x \in \mathcal{D}(f)$, *so heißt f* **ungerade**.

Sowohl für gerade, als auch für ungerade Funktionen genügt es die Werte auf $\mathcal{D}(f) \cap \mathbb{R}_0^+$ zu kennen. Den Rest findet man durch Spiegelung.

Definition 2.1.6 *Sei f eine reelle Funktion. Falls*

(a) $(x < y \Rightarrow f(x) \leq f(y)) \quad \forall\, x,y \in \mathcal{D}(f)$, *so heißt f* **monoton wachsend**;

(b) $(x < y \Rightarrow f(x) < f(y)) \quad \forall\, x,y \in \mathcal{D}(f)$, *so heißt f* **streng monoton wachsend**;

(c) $(x < y \Rightarrow f(x) \geq f(y)) \quad \forall\, x,y \in \mathcal{D}(f)$, *so heißt f* **monoton fallend**;

(d) $(x < y \Rightarrow f(x) > f(y)) \quad \forall\, x,y \in \mathcal{D}(f)$, *so heißt f* **streng monoton fallend**.

Beispiel 2.1.7 *Sei* $f(x) = x^n$, $\mathcal{D}(f) = \mathbb{R}$ *mit* $n \in \mathbb{N}$ *fest. Dann gilt:*

(i) f *ist streng monoton wachsend, falls* n *ungerade,*

(ii) f *ist streng monoton wachsend auf* $\mathcal{D}(f) = \mathbb{R}_0^+$, *falls* n *gerade.*

Beweis mit Induktion.

Im Folgenden wollen wir untersuchen, unter welchen Umständen wir Gleichungen der Form

$$f(x) = y$$

für eine **gegebene** reelle Funktion f und ein festes $y \in \mathbb{R}$ lösen können. D.h. ein $x \in \mathcal{D}(f)$ ist **gesucht**. Da $\mathcal{W}(f)$ im Allgemeinen nicht bekannt ist, schreiben wir statt $f\colon \mathcal{D}(f) \to \mathcal{W}(f)$ allgemeiner

$$f : A \longrightarrow B \qquad \text{mit} \qquad \begin{array}{l} A \subset \mathcal{D}(f) \\ B \supset \mathcal{W}(f)\,. \end{array}$$

„f bildet A nach B ab"

Für reelle Funktion können wir daher immer $f\colon \mathcal{D}(f) \to \mathbb{R}$ schreiben.

Definition 2.1.8 *Eine (reelle) Funktion* $f\colon A \to B$ *heißt*

(i) **injektiv**, *falls für alle* $x, y \in A$ *gilt:*

$$[f(x) = f(y) \implies x = y]\ ;$$

(ii) **surjektiv**, *falls für alle* $y \in B$ *ein* $x \in A$ *existiert mit*

$$f(x) = y\ ;$$

(iii) **bijektiv**, *falls* f *injektiv und surjektiv ist.*

Beispiel:

(i) $f(x) = 7x - 2$, $f\colon \mathbb{R} \to \mathbb{R}$ ist bijektiv.

(ii) $f(x) = x^4$, $f\colon \mathbb{R} \to \mathbb{R}_0^+$ ist surjektiv, aber nicht injektiv.

(iii) $f(x) = x + 1$, $f\colon \mathbb{R}_0^+ \to \mathbb{R}_0^+$ ist injektiv, aber nicht surjektiv.

Lemma 2.1.9 *Eine streng monotone (wachsende oder fallende) reelle Funktion* $f\colon \mathcal{D}(f) \to \mathcal{W}(f)$ *ist bijektiv.*

Beispiel: $f(x) = x^n$ mit $f\colon \mathbb{R}_0^+ \longrightarrow \mathbb{R}_0^+$ (n gerade)

$f\colon \mathbb{R} \longrightarrow \mathbb{R}$ (n ungerade)

sind bijektiv.

Definition 2.1.10 *Für (reelle) Funktionen $f\colon A \to B$ und $g\colon B \to C$ ist die* **Zusammensetzung** (auch **Komposition** oder **Hintereinanderausführung**) $g \circ f : A \to C$ *erklärt durch (vgl. Abbildung 2.1):*

$$(g \circ f)(x) := g(f(x)) \quad \textit{für alle} \quad x \in A\ .$$

Für „$g \circ f$" sagen wir „g nach f".
Der Graph von $g \circ f$ lässt sich wie folgt beschreiben:

$$G(g \circ f) = \Big\{(x,y) : \ \exists\, z \in B \ \textit{mit}\ f(x) = z \ \textit{und}\ g(z) = y\Big\}\ .$$

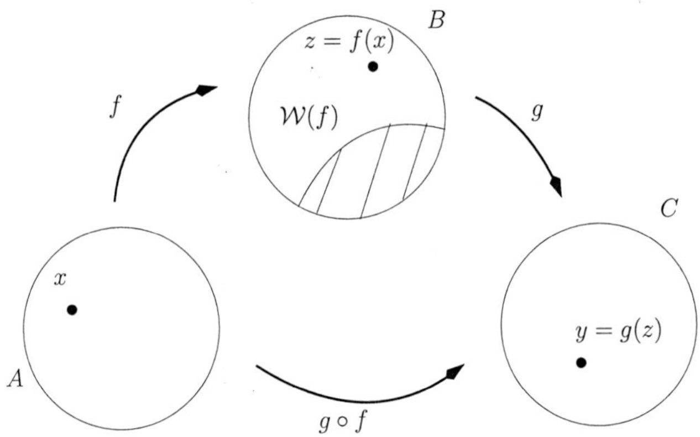

Abbildung 2.1: Hintereinanderausführung von Abbildungen

Beispiel 2.1.11 $f(x) = \sqrt{x}$, $g(y) = y^3 - 1$

$$(g \circ f)(x) = g\left(\sqrt{x}\right) = \left(\sqrt{x}\right)^3 - 1$$

$$(f \circ g)(y) = f(y^3 - 1) = \sqrt{y^3 - 1}\ .$$

Man bestimme selbst Definitions- und Wertebereiche.

Lemma 2.1.12 *Sei $f\colon A \to B$ eine (reelle) Funktion. Dann gilt:*

(i) *f ist injektiv $\iff$ es existiert eine Funktion $g\colon B \to A$ mit*

$$(g \circ f)(x) = x \qquad \forall\, x \in A \qquad \textbf{(I)}\ .$$

(ii) *f ist surjektiv* $\iff$ *es existiert eine Funktion $g\colon B \to A$ mit*

$$(f \circ g)(y) \;=\; y \qquad \forall\; y \in B \qquad \textbf{(S)}\;.$$

(iii) *f ist bijektiv* $\iff$ *es existiert eine eindeutige Funktion $g\colon B \to A$ mit* **(I)** *und* **(S)** .

Nur im Falle (iii) ist g mit (I) und (S) *eindeutig* bestimmt. In diesen Fall gilt

$$(f(x) \;=\; y \iff g(y) \;=\; x) \qquad \forall\; x \in A \quad \forall\; y \in B\;. \tag{1.1}$$

Definition 2.1.13 *Die Funktion g mit (I) und (S) aus* **(iii)** *heißt* **Umkehrfunktion** *zu f. Wegen (1.1) kann man die Umkehrfunktion zum Lösen der Gleichung $f(x) = y$ verwenden. Wir schreiben auch $f^{-1} := g$ (Umkehrfunktion zu f), d.h.*

$$f^{-1}(y) \;:=\; g(y) \qquad \forall\; y \in B\;.$$

Achtung: Nicht mit $[f(y)]^{-1} \;=\; \frac{1}{f(y)}$ verwechseln!

Es gilt also immer:

$$\begin{aligned} (f^{-1} \circ f)(x) \;&=\; x \qquad \forall\; x \in A \\ (f \circ f^{-1})(y) \;&=\; y \qquad \forall\; y \in B \end{aligned}$$

Definition 2.1.14 *Die Umkehrfunktion zu $f(x) \;=\; x^n$*

$$\begin{aligned} f\;:\; \mathbb{R}_0^+ \;&\longrightarrow\; \mathbb{R}_0^+ \qquad (n \text{ gerade}) \\ f\;:\; \mathbb{R} \;&\longrightarrow\; \mathbb{R} \qquad (n \text{ ungerade}) \end{aligned}$$

*wird mit $\sqrt[n]{y} \;:=\; f^{-1}(y)$ bezeichnet. Sprich: „ n–***te Wurzel** *von y“.*

Insbesondere ist $g(y) \;=\; \sqrt[2]{y} \;=\; \sqrt{y}\,,\; g\colon \mathbb{R}_0^+ \to \mathbb{R}_0^+$ unsere „alte“ Wurzelfunktion.

Definition 2.1.15 *Seien f, g reelle Funktionen. $M \;:=\; \mathcal{D}(f) \cap \mathcal{D}(g)$. Dann setzen wir:*

Summe: $f + g\colon M \to \mathbb{R}\,,\; (f+g)(x) \;:=\; f(x) + g(x)$

und analog

Differenz: $f - g\colon M \to \mathbb{R}$, **Produkt:** $f \cdot g\colon M \to \mathbb{R}$

Quotient: $\dfrac{f}{g}\colon M' \to \mathbb{R}\,,\; \left(\dfrac{f}{g}\right)(x) \;:=\; \dfrac{f(x)}{g(x)}\,,$ *wobei* $M' \;=\; \{x \in M\colon g(x) \neq 0\}$.

Definition 2.1.16 *Eine reelle Funktion f heißt* **nach unten (oben) beschränkt**, *wenn $\mathcal{W}(f) \subset \mathbb{R}$ nach unten (oben) beschränkt ist.*

Ist f nach unten und nach oben beschränkt, so heißt f **beschränkt**.

Beispiel: $f(x) = -x^4 + x^2$ ist nach oben beschränkt, aber nicht beschränkt.

Satz 2.1.17 *Sei $f: A \to B$ reelle, surjektive Funktion und streng monoton wachsend (fallend). Dann existiert $g = f^{-1}: B \to A$ und ist ebenfalls streng monoton wachsend (fallend).*

2.2 Polynome und rationale Funktionen

Definition 2.2.1 *Eine Funktion $f: \mathbb{R} \to \mathbb{R}$ heißt* **Polynom vom Grad** $n \in \mathbb{N}_0$, *wenn es reelle Zahlen $a_0, ..., a_n$ mit $a_n \neq 0$ gibt, so dass*

$$f(x) = a_n x^n + a_{n-1}x^{n-1} + \ldots + a_1 x + a_0 = \sum_{i=0}^{n} a_i x^i .$$

Wir schreiben $P_n := f$ (P für Polynom) grad $P_n := n$. $a_0, ..., a_n$ heißen **Koeffizienten** von P_n.

Satz 2.2.2 **(Identitätssatz für Polynome)**
Seien P_n und Q_n, $P_n(x) = \sum_{k=0}^{n} a_k x^k$ und $Q_n(x) = \sum_{k=0}^{n} b_k x^k$, Polynome vom Grad $\leq n$ (also $a_n = 0$ oder $b_n = 0$ erlaubt!). Dann gilt:

$$P_n(x) = Q_n(x) \quad \forall\, x \in \mathbb{R} \iff a_k = b_k \text{ für } k = 0, ..., n .$$

Zum Beweis benötigen wir

Lemma 2.2.3 *Sei $a \in \mathbb{R}$ eine Zahl mit*

$$|a| < \varepsilon \quad \text{für alle} \quad \varepsilon > 0 .$$

Dann ist $a = 0$.

Satz 2.2.2 ist Grundlage für den Koeffizientenvergleich von Polynomen. Wir können damit Gleichheit von Polynomen $P_n, Q_n: \mathbb{R} \to \mathbb{R}$ entscheiden:

$$P_n = Q_n \overset{\text{Def.}}{\iff} G(P_n) = G(Q_n) \overset{\mathcal{D}(P_n) = \mathcal{D}(Q_n)}{\iff} P_n(x) = Q_n(x) \quad \forall\, x \in \mathbb{R}$$

$$\overset{\text{Satz 2.2.2}}{\iff} a_k = b_k ,\ k = 0, ..., n$$

Insbesondere sind Polynome unterschiedlichen Grades immer verschieden.

Definition 2.2.4 (i) *Eine reelle Zahl x_0 heißt* **Nullstelle** *der reellen Funktion f, wenn*

$$f(x_0) = 0 .$$

(ii) *$x_0 \in \mathbb{R}$ heißt* **m–fache Nullstelle des Polynoms** *$P_n = P_n(x)$, wenn es ein Polynom $Q_{n-m} = Q_{n-m}(x)$ gibt, so dass gilt:*

$$P_n(x) = (x - x_0)^m \, Q_{n-m}(x) \quad und \quad Q_{n-m}(x_0) \neq 0 .$$

Notation: m *heißt die* **Vielfachheit** *der Nullstelle x_0.*

Zwei Darstellungen an deren man Nullstellen direkt erkennt:

$$P_n(x) = a_n \cdot (x - x_1) \cdot (x - x_2) \cdot ... \cdot (x - x_n) \tag{2.1}$$

mit festen $x_1, ..., x_n \in \mathbb{R}$, $a_n \in \mathbb{R}$, bzw.

$$P_n(x) = a_n(x^2 + \beta_1 x + \gamma_1) \cdot \; ... \; \cdot (x^2 + \beta_k x + \gamma_k) \cdot (x - x_{2k+1}) \cdot ... \cdot (x - x_n) , \tag{2.2}$$

wobei $a_n , \underbrace{\beta_1, ..., \beta_k , \gamma_1, ..., \gamma_k , x_{2k+1} , \ldots , x_n \in \mathbb{R}}_{n\text{–Stück}}$ fest.

Die Ausdrücke $(x^2 + \beta_i x + \gamma_i)$ sollen keine Nullstellen haben (in $\mathbb{R}$) (sonst $\rightsquigarrow$ (2.1)). Dies ist genau dann der Fall, wenn die **Diskriminanten** $D_i := \beta_i^2 - 4\gamma_i < 0$ sind.

Bemerkung: Die Zahlen $x_1, ..., x_n$ in (2.1) bestimmen das Polynom P_n eindeutig. Ebenso bestimmen die festen Zahlen in (2.2) das Polynom P_n eindeutig. (Ausmultiplizieren!)

Umgekehrte Frage ist schwieriger: Existiert zu gegebenem $P_n(x) = \sum_{i=0}^{n} a_i x^i$ immer eine Darstellung (2.1) oder (2.2)?

Mit Polynomen läßt sich ähnlich wie mit Zahlen dividieren (Division mit Rest).

Definition 2.2.5 (Rationale Funktionen)

Seien $P_n = P_n(x)$ und $Q_m = Q_m(x)$ Polynome vom Grad n bzw. m. Dann heißt

$$R(x) := \frac{P_n(x)}{Q_m(x)}$$

eine **rationale Funktion**. *Der Definitionsbereich ist $\mathcal{D}(R) := \{x \in \mathbb{R}: Q_m(x) \neq 0\}$.*

Satz 2.2.6 (Division mit Rest)

Sei $R(x) = P_n(x)/Q_m(x)$ mit $n \geq m \geq 1$. Dann gibt es Polynome $S_{n-m} = S_{n-m}(x)$ und $T_k = T_k(x)$, so dass gilt:

$$R(x) = S_{n-m}(x) + \frac{T_k(x)}{Q_m(x)} \quad \forall \, x \in \mathcal{D}(R) , \tag{2.3}$$

wobei $grad(S_{n-m}) = n - m$, $0 \leq grad(T_k) = k < m$ (d.h $T_k = 0$ möglich).

Gleichung (2.3) ist äquivalent zu

$$P_n(x) \;=\; S_{n-m}(x)\cdot Q_m(x) \;+\; T_k(x) \tag{2.4}$$

Beispiel: $P_4(x) = x^4 - x^3 - x + 1$, $Q_2(x) = x^2 + 1$. Dann ist $P_4(x)/Q_2(x) = x^2 - x - 1 + \frac{2}{x^2+1}$, d.h. $S_2(x) = x^2 - x - 1$ und $T_0(x) = 2$.

Weiteres Ziel: Berechnung von $P_n(x_0)$ (für gegebenes $x_0 \in \mathbb{R}$).

Für die Berechnung von

$P_n(x_0) \;=\; \sum\limits_{i=0}^{n} a_i x_0^i$ sind $(2n-1)$ **Multiplikationen** und n **Additionen** nötig .

Es geht aber auch besser (wichtig für effiziente Computerverfahren!):

Definition 2.2.7 (Horner–Darstellung)

$$\begin{aligned} P_n(x) &= a_n x^n + a_{n-1}x^{n-1} + \dots + a_1 x + a_0 \\ &= \Big\{a_n x^{n-1} + a_{n-1}x^{n-2} + \ldots + a_1\Big\}\cdot x + a_0 \\ &= \cdots \\ &= \Big\{\Big[\cdots\Big(\{a_n x + a_{n-1}\}\cdot x + a_{n-2}\Big)\cdot x + \ldots + a_2\Big]\cdot x + a_1\Big\}\cdot x + a_0 \end{aligned} \tag{2.5}$$

(2.5) heißt **Horner–Darstellung** *von* P_n.

Bei $x_0 \in \mathbb{R}$ gegeben lässt sich so $P_n(x_0)$ mit n Multiplikationen und n Additionen berechnen.

Horner–Schema an der Stelle $\mathbf{x_0}$:

	a_n	a_{n-1}	a_{n-2}	$\cdots$	a_1	a_0
+		$c_n x_0$	$c_{n-1}\,x_0$	$\cdots$	$c_2 x_0$	$c_1 x_0$
	c_n	c_{n-1}	c_{n-2}	$\cdots$	c_1	c_0

Es gilt: $c_0 = P_n(x_0)$. Genauer:

Satz 2.2.8 (Horner–Darstellung bei x_0)

Sei $P_n(x) = \sum\limits_{k=0}^{n} a_k x^k$ *ein Polynom vom Grad n, ferner:*

$$\begin{aligned} c_n &:= a_n\,, \\ c_i &:= c_{i+1}\,x_0 + a_i\,, \quad i = n-1,\; n-2, \ldots, 0\,. \end{aligned} \tag{2.6}$$

Dann gilt:

$$c_0 = P_n(x_0) \tag{2.7}$$

und

$$P_n(x) = (x - x_0) \cdot \underbrace{\{c_n x^{n-1} + c_{n-1} x^{n-2} + \ldots + c_2 x + c_1\}}_{Q_{n-1}(x)} + c_0 \tag{2.8}$$

Bemerkung: Falls $c_0 = 0$ ist (2.8) ein (erster) Schritt zu einer Darstellung wie in (2.1).

Beispiel: $x^4 + x^3 + 2x + 1 = (x-1)(x^3 + 2x^2 + 2x + 4) + 5$,

d.h. $c_4 = 1, \ c_3 = 2, \ c_2 = 2, \ c_1 = 4, \ c_0 = 5$.

2.3 Zahlenfolgen

Ziel: Grenzwertbegriff.

Definition 2.3.1 *Eine Folge (oder Zahlenfolge) ist eine auf* $\mathbb{N}$ *(oder auf* $\mathbb{N}_0$ *oder auf einer unendlichen Teilmenge von* $\mathbb{N}_0$*) definierte reellwertige Funktion*

$$\begin{aligned} f\colon \ \mathbb{N} &\to \mathbb{R} \\ n &\mapsto f(n) =: f_n \end{aligned}$$

Schreibweise: $\{f_n\}_{n\in\mathbb{N}}$ *oder* $\{f_n\}_{n=1}^{\infty}$, *oder auch nur* $\{f_n\}$ *für die Folge.* f_n *heißen die* **Folgenglieder**.

Beispiele: (explizit definiert)

(i) $f_n := c$ für $n \in \mathbb{N}$; $c \in \mathbb{R}$ konstant

(ii) $g_n := g_0 + n \cdot c$ für $n \in \mathbb{N}$, $c \in \mathbb{R}$ konstant

(iii) $h_n := c \cdot q^n$ für $n \in \mathbb{N}$, $c \in \mathbb{R}$, $q \in \mathbb{R}$ konstant. $\{h_n\}$ heißt **geometrische Folge.**

(rekursiv definiert):

$$b_0 := 1, \ b_{n+1} := (n+1) \cdot b_n \quad \text{für } n \in \mathbb{N}$$

Definition 2.3.2 *Eine Folge* $\{f_n\}_{n\in\mathbb{N}}$ *heißt*

- *monoton wachsende Folge*
- *streng monoton wachsende Folge*
- *nach unten beschränkte Folge*

  usw.,

falls die dazugehörige Funktion $f\colon \mathbb{N} \to \mathbb{R}$ *diese Eigenschaft hat.*

Beispiele:

- $\{h_n\}_{n\in\mathbb{N}}$ ist beschränkt für $|q| \le 1$.
- $h_n = c\,q^n$, mit $c > 0$ und $q \in (0,1)$ impliziert $\{h_n\}$ streng monoton fallend.
- für $c \neq 0$, $q = -1$, d.h. $h_n = c \cdot (-1)^n$, ist $\{h_n\}$ nicht monoton, aber beschränkt.

Definition 2.3.3 (geometrische Summe)

Die Folge

$$s_n := \sum_{k=0}^{n} q^k = 1 + q + q^2 + \ldots + q^n$$

heißt **geometrische Summe** *für* $q \in \mathbb{R}$.

Man sieht leicht

$$s_n = \begin{cases} \dfrac{1 - q^{n+1}}{1 - q}, & \textit{falls } q \neq 1 \\ n + 1, & \textit{falls } q = 1 . \end{cases} \tag{3.1}$$

Beispiel: $\displaystyle\sum_{k=0}^{100} \frac{1}{2^k} = 2 - \frac{1}{2^{100}}$

- Für $q \ge 1$ ist $\{s_n\}_{n\in\mathbb{N}}$ unbeschränkt und streng monoton wachsend.
- Für $q \in (0,1)$ ist $0 < s_n = \frac{1-q^{n+1}}{1-q} \le \frac{1}{1-q}$, also ist $\{s_n\}_{n\in\mathbb{N}}$ beschränkt und streng monoton wachsend.

Schlüsselfrage: Wie verhalten sich diese Folgen für große Werte von n?

Etwa $a_n = \frac{1}{n}$, $n \in \mathbb{N}$, nähert sich immer mehr der $0 \in \mathbb{R}$ an (sogenannte Nullfolgen) .

Definition 2.3.4 (Nullfolgen)

Eine Folge $\{a_n\}_{n\in\mathbb{N}}$ *reeller Zahlen heißt* **Nullfolge**, *falls*

$$\forall\ \varepsilon > 0 \quad \exists\ N_0 \in \mathbb{N} \quad \textit{so dass} \quad \Big(|a_n| < \varepsilon \quad \forall\ n > N_0\Big) \tag{3.2}$$

Schreibweise: *In diesem Falle schreiben wir (statt* $\{a_n\}$ *ist Nullfolge)*

$$a_n \longrightarrow 0 \quad \textit{für } n \to \infty .$$

Sprich: „a_n **konvergiert gegen Null**“ *für* „n **gegen Unendlich**“

oder

$$\lim_{n\to\infty} a_n = 0 .$$

Sprich: *„Der* **Limes** *von* $\{a_n\}$ *für* n *gegen Unendlich ist Null“. Wir sagen, Null sei* **Grenzwert** *von* $\{a_n\}$.

Wichtig: N_0 darf von ε abhängen, also $N_0 = N_0(\varepsilon)$!

Definition 2.3.5 **(Gauß[1]–Klammer)**
Zu $x \in \mathbb{R}$ setze

$$\lfloor x \rfloor := \max\{z \in \mathbb{Z}: z \le x\} \in \mathbb{Z}$$
$$\lceil x \rceil := \min\{z \in \mathbb{Z}: x \le z\} \in \mathbb{Z}$$

Elementare Eigenschaften für alle $x \in \mathbb{R}$ gilt

$$\begin{array}{ll} \lfloor x \rfloor \le x \le \lceil x \rceil , & 0 \le \lceil x \rceil - \lfloor x \rfloor \le 1 \\ 0 \le \lceil x \rceil - x < 1 , & 0 \le x - \lfloor x \rfloor < 1 \end{array} \tag{3.3}$$

sowie

$$\lfloor x \rfloor = x = \lceil x \rceil \iff x \in \mathbb{Z} .$$

Beispiele:

(i) $a_n = \frac{1}{n}$, $n \in \mathbb{N}$, ist Nullfolge

(ii) $b_n = \frac{1}{\sqrt{n}}$, $n \in \mathbb{N}$, ist Nullfolge

Wie können wir feststellen, was keine Nullfolgen sind?

$$\{a_n\} \text{ Nullfolge } \overset{(3.2)}{\iff} \forall\, \varepsilon > 0 \;\; \exists\, N_0 \in \mathbb{N} \;\; \forall\, n > N_0 : \Big(|a_n| < \varepsilon \Big)$$

d.h. $\{a_n\}$ ist **keine** Nullfolge $\iff \exists\, \varepsilon_0 > 0 \;\; \forall\, N \in \mathbb{N} \;\; \exists\, n_0 > N : \Big(|a_{n_0}| \ge \varepsilon_0 \Big)$. (3.4)

Beispiel: $a_n := 1 + (-1)^n$, $n \in \mathbb{N}$, ist keine Nullfolge.

Beispiel 2.3.6 $b_n := \sqrt{n+1} - \sqrt{n}$, $n \in \mathbb{N}$, *ist Nullfolge.*

Satz 2.3.7 **(Vergleichskriterium)**
Sei $n_0 \in \mathbb{N}$ beliebige feste Zahl und seien $\{a_n\}$ und $\{b_n\}$ Zahlenfolgen mit

$$|b_n| \le |a_n| \quad \forall\, n \in \mathbb{N} \text{ mit } n \ge n_0 . \tag{3.5}$$

Dann gilt:

$$\Big[\lim_{n\to\infty} a_n = 0 \implies \lim_{n\to\infty} b_n = 0 \Big]$$

---

[1]**Gauß (1777–1855), deutscher Mathematiker**

Notation: $\{a_n\}$ *heißt dann* **Majorante** *von* $\{b_n\}$.

Beispiel 2.3.8 **(geometrische Folge)**

$$b_n = \alpha^n\,,\ n \in \mathbb{N}\,,\ \textit{für}\ 0 < |\alpha| < 1\,,\ \alpha\ \textit{fest},\ \textit{ist Nullfolge}\,.$$

Satz 2.3.9 *Seien* $\{a_n\}_{n=1}^{\infty}$ *und* $\{b_n\}_{n=1}^{\infty}$ *Nullfolgen*, *und*

$\{c_n\}_{n=1}^{\infty}$ *eine beschränkte Folge*.

Dann gilt:

(i) $\left\{\alpha\, a_n + \beta\, b_n\right\}_{n=1}^{\infty}$ *ist eine Nullfolge für alle* $\alpha, \beta \in \mathbb{R}$.

(ii) $\left\{\sqrt{|a_n|}\right\}_{n=1}^{\infty}$ *ist Nullfolge.*

(iii) $\left\{a_n\right\}_{n=1}^{\infty}$ *ist beschränkt.*

(iv) $\left\{a_n \cdot c_n\right\}_{n=1}^{\infty}$ *ist eine Nullfolge.*

Lemma 2.3.10 *Seien* $C, \tilde{C} > 0$ *Konstanten und* $n_0 \in \mathbb{N}$ *fest. Sofern*

$$\{a_n\}\ \textit{Folge mit}\ |a_n| \leq \frac{C}{n^2} \tag{3.6}$$

$$\forall\ n \geq n_0$$

$$\textit{und}\ \ \{b_n\}\ \textit{Folge mit}\ |b_n| \leq \tilde{C} \cdot n \tag{3.7}$$

ist, dann ist $\{a_n \cdot b_n\}$ *Nullfolge.*

Beispiel 2.3.11 $\alpha_n = n \cdot q^n$ *mit* $|q| < 1$ *ist Nullfolge.*

Anwendung vom Lemma 2.3.10 auf $\alpha_n = a_n \cdot b_n$ mit $b_n := n$ und $a_n := q^n$.

Beispiel 2.3.12 $a_n = \frac{x^n}{n!}$ *mit* $x \in \mathbb{R}$ *fest ist Nullfolge. Hierbei ist*

$$n! = 1 \cdot 2 \cdot 3 \cdot \ldots \cdot (n-1) \cdot n\,. \tag{3.8}$$

Sprich: „**n–Fakultät**“.

Merke: Vergleich mit einfachen Folgen führt oft schneller zum Ziel, als die Definition für Nullfolgen direkt nachzuweisen.

Definition 2.3.13 *Die Folge* $\{a_n\}_{n=1}^{\infty}$ *heißt* **konvergent mit Grenzwert** a, *wenn* $\{a_n - a\}_{n=1}^{\infty}$ *Nullfolge ist, d.h.*

$$\forall\ \varepsilon > 0 \quad \exists\ N_0 \in \mathbb{N},\ \text{so dass } |a_n - a| < \varepsilon \qquad \forall\ n > N_0 \text{ gilt}. \tag{3.9}$$

Schreibweise: $\lim\limits_{n\to\infty} a_n = a$ *oder* $(a_n \to a$ *für* $n \to \infty)$.

Bemerkung: $\{a_n\}$ Nullfolge $\iff$ $\{a_n\}$ konvergent mit Grenzwert $a = 0$.

Satz 2.3.14 *Sei* $\{a_n\}_{n=1}^{\infty}$ *konvergente Folge mit Grenzwert* a. *Dann gilt:*

(i) *Der Grenzwert ist eindeutig bestimmt.*

(ii) $\{a_n\}_{n=1}^{\infty}$ *ist beschränkt.*

Satz 2.3.15 (Rechenregeln für konvergente Folgen)

Seien $\{a_n\}_{n\in\mathbb{N}}$ *und* $\{b_n\}_{n\in\mathbb{N}}$ *konvergente Folgen mit Grenzwerten* a *und* b.
Dann gilt:

(i) $\{a_n + b_n\}_{n\in\mathbb{N}}$ *ist konvergent mit Grenzwert* $a + b$.

In Symbolen: $\lim\limits_{n\to\infty} (a_n + b_n) = \left(\lim\limits_{n\to\infty} a_n\right) + \left(\lim\limits_{n\to\infty} b_n\right)$

(ii) $\{a_n \cdot b_n\}_{n\in\mathbb{N}}$ *ist konvergent mit Grenzwert* $a \cdot b$.

In Symbolen: $\lim\limits_{n\to\infty} (a_n \cdot b_n) = \left(\lim\limits_{n\to\infty} a_n\right) \cdot \left(\lim\limits_{n\to\infty} b_n\right)$

(iii) *Ist* $a_n \neq 0 \quad \forall\ n \in \mathbb{N}$ *und* $a \neq 0$ *dann gilt:*

$$\lim_{n\to\infty} \left(\frac{1}{a_n}\right) = \left(\lim_{n\to\infty} a_n\right)^{-1}$$

(iv)
$$\lim_{n\to\infty} |a_n| = \left|\lim_{n\to\infty} a_n\right|$$

(v) *Falls* $a_n \geq 0 \quad \forall\ n \in \mathbb{N}$, *dann ist*

$$\lim_{n\to\infty} \sqrt{a_n} = \sqrt{\lim_{n\to\infty} a_n}\ .$$

Die Aussage beinhaltet jeweils, dass der neue Grenzwert auf der linken Seite existiert.

Beispiel:

(a) $$\lim_{n\to\infty} \frac{3n^3 - n + 1}{7n^3 + n^2 - 1} \overset{\text{(ii),(iii)}}{=} \frac{\lim\limits_{n\to\infty} 3 - \frac{1}{n^2} + \frac{1}{n^3}}{\lim\limits_{n\to\infty} 7 + \frac{1}{n} - \frac{1}{n^3}} \overset{\text{(i)}}{=} \frac{3}{7}$$

(b) $\lim\limits_{n\to\infty} \left| \dfrac{n-5}{n^3} + \left(\dfrac{2}{3}\right)^{n+1} \cdot \dfrac{n-1}{n+1} \right|^{\frac{1}{2}} = 0$ nach (i), (ii), (iv), (v) .

Satz 2.3.16 (Sandwich–Lemma)

Es seien $\{a_n\}_{n\in\mathbb{N}}$, $\{b_n\}_{n\in\mathbb{N}}$, und $\{c_n\}_{n\in\mathbb{N}}$ Folgen, für die ein $N_0 \in \mathbb{N}$ existiert, so dass

$$c_n \le a_n \le b_n \qquad \forall\ n > N_0 \tag{3.10}$$

und

$$\lim_{n\to\infty} c_n = \lim_{n\to\infty} b_n = a\ . \tag{3.11}$$

Dann ist auch $\{a_n\}_{n\in\mathbb{N}}$ konvergent und es gilt $\lim\limits_{n\to\infty} a_n = a$.

Beispiel 2.3.17 (a) $\lim\limits_{n\to\infty} \sqrt[n]{x} = 1$ *für* $x > 0$.

(b) $\lim\limits_{n\to\infty} \sqrt[n]{n} = 1$.

Da das Finden des Grenzwerts a zu einer gegebenen Folge $\{a_n\}$ oft sehr schwierig ist, formulieren wir „Konvergenz" nochmal. Der Unterschied zu Definition 2.3.13 ist, dass wir hier den Grenzwert gar nicht zu kennen brauchen.

Definition 2.3.18 (i) *Die Folge $\{a_n\}_{n\in\mathbb{N}}$, $a_n \in \mathbb{R}$, heißt* **konvergent**, *falls es eine Zahl $a \in \mathbb{R}$ gibt mit $\lim\limits_{n\to\infty} a_n = a$.*

(ii) *Folgen, die nicht konvergent sind, heißen* **divergent**, *und zwar*

- **bestimmt divergent**, *falls $a_n \to \infty$,*

$$\text{d.h. } \forall\ M > 0 \quad \exists\ N_0 \in \mathbb{N} \quad \text{mit} \quad a_n > M \quad \forall\ n > N_0$$

oder falls $a_n \to -\infty$,

$$\text{d.h. } \forall\ M > 0 \quad \exists\ N_0 \in \mathbb{N} \quad \text{mit} \quad a_n < -M \quad \forall\ n > N_0$$

- **unbestimmt divergent**, *in allen anderen Fällen.*

Bemerkung: *Die (unscheinbare) Bedingung „$a \in \mathbb{R}$" in* **(i)** *ist — wie wir gleich sehen werden — wegen der Vollständigkeit automatisch erfüllt.*

Selbstverständlich ist das aber nicht. In $\mathbb{Q}$ etwa gilt das nämlich nicht.

Satz 2.3.19 **(Monotonie–Lemma I)**

Eine monoton wachsende Folge $\{a_n\}_{n\in\mathbb{N}}$, welche nach oben beschränkt ist, ist konvergent. Es gilt

$$\lim_{n\to\infty} a_n = \sup_{n\geq 1} \mathcal{W}(a_n) \in \mathbb{R} .$$

Hat man eine monoton fallende Folge $\{b_n\}$ und wendet den obigen Satz auf $a_n := -b_n$ an, so folgt:

Satz 2.3.20 **(Monotonie–Lemma II)**

Eine monoton fallende Folge $\{b_n\}_{n\in\mathbb{N}}$, welche nach unten beschränkt ist, ist konvergent. Es gilt

$$\lim_{n\to\infty} b_n = \inf_{n\,\geq\,1} \mathcal{W}(b_n) \in \mathbb{R} .$$

Lemma 2.3.21 *Sei $\{a_n\}_{n\in\mathbb{N}}$ Zahlenfolge. Wir setzen*

$$\begin{aligned} b_n &:= \sup\{a_m\,,\ m \geq n\} \\ c_n &:= \inf\{a_m\,,\ m \geq n\}\ . \end{aligned} \tag{3.12}$$

Dann gilt:

(i) $c_n \leq a_n \leq b_n$,

(ii) b_n *ist monoton fallend* $(b_n \geq b_{n+1})$

(iii) c_n *ist monoton wachsend* $(c_n \leq c_{n+1})$

(iv) $\lim\limits_{n\to\infty} a_n = a \iff \lim\limits_{n\to\infty} b_n = \lim\limits_{n\to\infty} c_n = a.$

Da der Grenzwert der Folgen $\{b_n\}$ und $\{c_n\}$ wegen Satz 2.3.19 und 2.3.20 immer existiert und in $\mathbb{R}$ liegt, liegt also auch a „automatisch“ in $\mathbb{R}$, sofern $\{a_n\}$ überhaupt konvergiert.

Beispiel: Sei

$$a_n = \begin{cases} 1 + \dfrac{1}{n} & \text{für } n \text{ gerade} \\[2ex] \dfrac{1}{n} & \text{für } n \text{ ungerade} \end{cases}$$

Dann gilt mit den obigen Bezeichnungen $c_n = 0$ und

$$b_n = \begin{cases} 1 + \dfrac{1}{n} & \text{für } n \text{ gerade} \\[2ex] 1 + \dfrac{1}{n+1} & \text{für } n \text{ ungerade .} \end{cases}$$

Wegen $\lim\limits_{n\to\infty} b_n = 1 \neq 0 = \lim\limits_{n\to\infty} c_n$ konvergiert also $\{a_n\}$ nicht (vgl. (iv)).

Definition 2.3.22 *Eine Folge* $\{a_n\}_{n\in\mathbb{N}}$ *heißt* **Cauchy–Folge,** *wenn gilt:*

$$\forall\ \varepsilon > 0 \quad \exists\ N_0 \in \mathbb{N}\,, \ \textit{so dass}\ |a_n - a_m| < \varepsilon \quad \forall\ n, m > N_0\ .$$

Satz 2.3.23 *Jede (reelle) Zahlenfolge* $\{a_n\}_{n\in\mathbb{N}}$, *welche konvergent ist, ist auch Cauchy–Folge.*

Der obige Satz gilt immer (etwa auch für Zahlenfolgen in $\mathbb{Q}$). Dagegen benötigt der nächste Satz ganz wesentlich die Vollständigkeit.

Satz 2.3.24 *Jede reelle Zahlenfolge* $\{a_n\}_{n\in\mathbb{N}}$, *welche Cauchy–Folge ist, ist auch konvergent (mit Grenzwert in* $\mathbb{R}$*).*

Bemerkung 2.3.25 *Alternativ zum* **Vollständigkeitsaxiom** *(Infimumsversion; vgl. Definition 1.5.4) hätte man auch fordern können, dass*

($\tilde{V}$) jede Cauchy–Folge in einem total angeordneten Körper ($\mathbb{K}$, $>$) konvergiert (mit Grenzwert in $\mathbb{K}$).

Beide Axiome sind äquivalent, d.h. beide Konstruktionen führen auf die reellen Zahlen $\mathbb{R}$. Wir fassen das noch einmal zusammen:

Bemerkung 2.3.26 *Eine Zusammenfassung der Axiome der reellen Zahlen befindet sich im Appendix A.*

2.4 Exponentialfunktion, Logarithmus und Potenzregeln

Beispiel 2.4.1 **(Exponentialfolge)**

$$e_n = e_n(x) := \left(1 + \frac{x}{n}\right)^n, \quad n \in \mathbb{N} \qquad x \in \mathbb{R}\ \text{ fest}\ .$$

Ohne Einschränkung wollen wir uns auf $n > |x|$ beschränken. Für diese n gilt dann $e_n > 0$. Weiterhin gilt:

$$\{e_n\} \text{ ist (streng) monoton wachsend, d.h. } \frac{e_{n+1}}{e_n} > 1\ , \tag{4.1}$$

$$\text{und } \{e_n\} \text{ ist beschränkt}\ . \tag{4.2}$$

Folge: Nach Satz 2.3.19 ist $\{e_n\}$ also für jedes feste $x \in \mathbb{R}$ konvergent.

Definition 2.4.2 *Die durch* $f\colon \mathbb{R} \to \mathbb{R}$

$$f(x) := \lim_{n\to\infty} \left(1 + \frac{x}{n}\right)^n \quad \textit{definierte Funktion}$$

heißt **Exponentialfunktion**. *Wir schreiben* $\exp(x) := f(x)$.

$$e := \exp(1) = \lim_{n\to\infty} \left(1 + \frac{1}{n}\right)^n \tag{4.3}$$

heißt **Eulersche Zahl**. *Näherungsweise gilt* $e = 2,71828...$

Satz 2.4.3 *Es gilt:*

(i) $\exp(0) = 1$

(ii) $\exp(x+y) = \exp(x) \cdot \exp(y) \qquad \forall\ x, y \in \mathbb{R}$ **(Funktionalgleichung** *von* exp*)*

(iii) $\exp(x) > 0 \qquad \forall\ x \in \mathbb{R}$

(iv) $\exp(-x) = \dfrac{1}{\exp(x)} \qquad \forall\ x \in \mathbb{R}$

Lemma 2.4.4 *Für* $a, b \in \mathbb{R},\ n \in \mathbb{N}$, *gilt:*

$$a^n - b^n = (a-b) \cdot \sum_{k=1}^{n} a^{n-k}\, b^{k-1}$$

Lemma 2.4.5 *Sei* $x = \frac{p}{q} \in \mathbb{Q},\ e = \exp(1)$. *Dann gilt:*

$$\exp(x) = \sqrt[q]{e^p}$$

Schreibweise und Definition: *Wir setzen für* $x = \frac{p}{q}$

$$e^x = e^{\frac{p}{q}} \overset{\text{Def.}}{:=} \sqrt[q]{e^p}\,.$$

Für $x \in \mathbb{Q}$ gilt also demnach

$$e^x = \exp(x) = \lim_{n\to\infty} \left(1 + \frac{x}{n}\right)^n. \tag{4.4}$$

Vergleicht man die Rechenregeln für Potenzen

$$e^p \cdot e^q = e^{p+q}\,,\ p, q \in \mathbb{Z} \qquad \text{(vgl. Lemma 1.4.6 (i))}$$

mit Satz 2.4.3 (ii): $\exp(x) \cdot \exp(y) = \exp(x+y)$, für $x, y \in \mathbb{R}$, sieht man, dass folgende Definition sinnvoll ist.

Definition 2.4.6 *Für $x \in \mathbb{R} \setminus \mathbb{Q}$ definieren wir*

$$e^x \overset{\text{Def.}}{:=} \exp(x) ,$$

womit wegen (4.4) also $e^x = \exp(x)$ *für alle* $x \in \mathbb{R}$ *gilt.*

Satz 2.4.7 (Eigenschaften der Exponentialfunktion) *(vgl. Abbildung 2.2)*

(i) $e^x \geq 1 + x \qquad \forall\ x \in \mathbb{R}$

(ii) $e^x > e^y \qquad \forall\ x, y \in \mathbb{R}$ *mit* $x > y$,
d.h. exp *ist streng monoton wachsend.*

(iii) $|e^x - 1| \leq \dfrac{|x|}{1 - |x|} \qquad \forall\ x \in \mathbb{R}\ ,\ |x| < 1$

(iv) $e^x > x^n \qquad \forall\ x \in \mathbb{R}$ *mit* $x > 4n^2\ ,\ n \in \mathbb{N}$,
d.h. exp *wächst schneller als jede Potenz in* x *für* $x \to \infty$.

(v) $\lim\limits_{n \to \infty} e^{-n} = 0$

Beispiel aus der Zinseszinsrechnung (Anfangskapital: K_0):

(i) Zinszahlung einmal (am Ende) des Jahres; $p\%$ pro Jahr.

Endkapital nach $k \in \mathbb{N}$ Jahren:

$$E_k = K_0 \cdot \left(1 + \frac{p}{100}\right)^k$$

(ii) Zinszahlung jeweils nach $\frac{1\text{Jahr}}{n}$, $n \in \mathbb{N}$ fest: $\frac{p}{n}\%$ pro Zahlungstermin

$$E_k = K_0 \cdot \left(1 + \frac{p}{n \cdot 100}\right)^{n \cdot k} .$$

(iii) „**kontinuierliche**“ Verzinsung, d.h. im Limes $n \to \infty$

$$E_k = \lim_{n \to \infty} K_0 \cdot \left(1 + \frac{p}{n \cdot 100}\right)^{n \cdot k} = K_0 \cdot \exp\left(\frac{p \cdot k}{100}\right) = K_0 \cdot \left[\exp\left(\frac{p}{100}\right)\right]^k .$$

Satz 2.4.8 *Der Wertebereich* $\mathcal{W}(\exp)$ *der Funktion* exp *ist* $\mathbb{R}^+$. *Auf* $\mathbb{R}^+$ *besitzt* exp *eine eindeutig definierte Umkehrfunktion*

$$\log : \mathbb{R}^+ \to \mathbb{R}$$
$$x \mapsto \log(x)$$

d.h.

$$\exp(\log(y)) = y \quad \forall\ y \in \mathbb{R}^+ \qquad , \log(\exp(x)) = x \quad \forall\ x \in \mathbb{R}\ . \tag{4.5}$$

log *heißt* **natürlicher Logarithmus**.

Beweisidee: Die Surjektivität von $exp : \mathbb{R} \to \mathbb{R}^+$ zeigt man mit Hilfe der Vollständigkeit von $\mathbb{R}$. Die Existenz von *log* folgt dann aus Satz 2.1.17.

Satz 2.4.9 (Eigenschaften des Logarithmus)

(i) $\log x < \log y \qquad \forall\ x, y \in \mathbb{R}^+ \quad mit \quad x < y$
(d.h. log *ist streng monoton wachsend)*

(ii) $$\left.\begin{aligned} \log(x \cdot y) &= \log(x) + \log(y) \\ \log\left(\tfrac{x}{y}\right) &= \log(x) - \log(y) \end{aligned}\right\} \quad \forall\ x, y \in \mathbb{R}^+ \quad \textit{(Funktionalgleichung des } \log\textit{)}$$

(iii) $\log(x^n) = n \cdot \log x \qquad \forall\ x \in \mathbb{R}^+ \quad \forall\ n \in \mathbb{N}$

(iv) $\log(1 + x) \leq x \qquad \forall\ x > -1$ *(vgl. Abbildung 2.2)*

(v) $\log x < \sqrt[n]{x} < x$ *für alle* $x > (4n^2)^n$, $n \in \mathbb{N}$
d.h., der Logarithmus wächst schwächer als jede Wurzelfunktion.

Beweis von (i): siehe Satz 2.1.17.

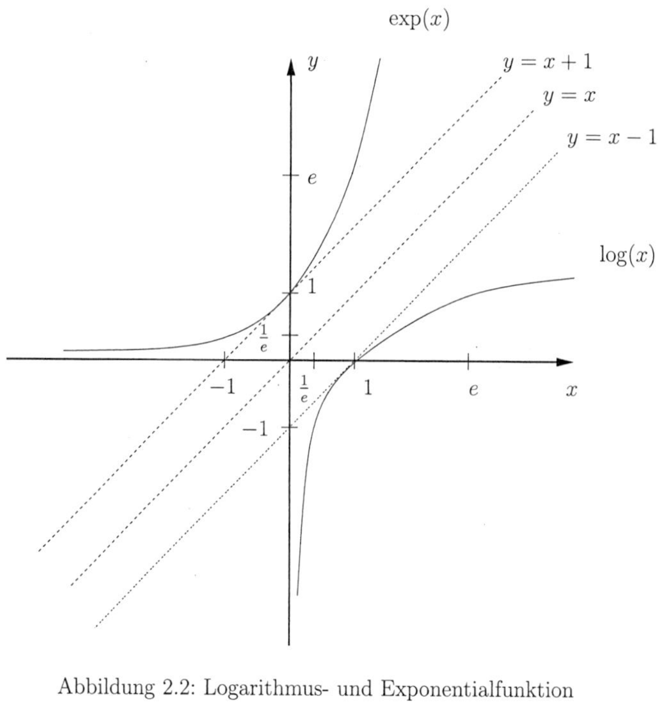

Abbildung 2.2: Logarithmus- und Exponentialfunktion

Satz 2.4.10 *Sei* $a > 0\,,\ a \in \mathbb{R}$. *Setze*

$$f_a(x) \ := \ e^{x \cdot \log a}\,, \qquad x \in \mathbb{R}$$
$$f_a \ : \quad \mathbb{R} \to \mathbb{R}^+$$

Dann gilt:

$$f_a(x) \ = \ a^x \qquad \forall\ x \in \mathbb{Q} \tag{4.6}$$

Bemerkung: dabei ist $a^{p/q} \overset{\text{def}}{:=} \sqrt[q]{a^p}$ (vgl. Def. von $e^{p/q}$).

Da (4.6) $\forall\ x \in \mathbb{Q}$ gilt, und f_a auf $\mathbb{R}$ definiert ist, eignet sich f_a, um a^x auf $\mathbb{R}$ fortzusetzen:

Definition 2.4.11 *Sei* $a > 0$. *Dann wird durch*

$$a^x \ := \ e^{x\,\log a}\,, \quad x \in \mathbb{R}$$

die **allgemeine Potenzfunktion** *definiert.*

Satz 2.4.12 (Rechenregeln für Potenzen)
Es seien $a, b > 0\,,\ x, y \in \mathbb{R}$. *Dann gilt (vgl. Lemma 1.4.6)*

(i) $(a \cdot b)^x \ = \ a^x \cdot b^x$

(ii) $a^{x \cdot y} \ = \ (a^x)^y$

(iii) $a^{x+y} \ = \ a^x \cdot a^y$ **(Funktionalgleichung)**

(iv) $\log(a^x) \ = \ x \cdot \log a$

2.5 Grenzwerte von Funktionen

Definition 2.5.1 *Sei* $f\colon (a,b) \to \mathbb{R}\,,\ x_0 \in (a,b)$ *fest. Wir betrachten Folgen* $\{x_n\}_{n=1}^{\infty}$ *mit*

$$x_n \in (a,b)\,,\ x_n \neq x_0 \quad \forall\ n \in \mathbb{N}\,,\ \text{und} \lim_{n\to\infty} x_n \ = \ x_0\,. \tag{5.1}$$

Wir sagen:

(a) f **besitzt an der Stelle** $\mathbf{x_0}$ **den Grenzwert** $\mathbf{y_0}$, *falls*

$$\text{für jede Folge } \{x_n\}_{n=1}^{\infty} \text{ mit (5.1) gilt: } \lim_{n\to\infty} f(x_n) \ = \ y_0 \tag{5.2}$$

(b) f **besitzt an der Stelle** $\mathbf{x_0}$ **den linksseitigen Grenzwert** $\mathbf{y_0}$,
falls für jede Folge $\{x_n\}_{n=1}^{\infty}$ *mit (5.1) und* $x_n < x_0$ *gilt:* $\lim\limits_{n\to\infty} f(x_n) \ = \ y_0$.

(c) f **besitzt an der Stelle** $\mathbf{x_0}$ **den rechtsseitigen** $\mathbf{y_0}$,
falls für jede Folge $\{x_n\}_{n=1}^{\infty}$ *mit (5.1) und* $x_n > x_0$ *gilt:* $\lim\limits_{n\to\infty} f(x_n) \ = \ y_0$.

Hat f die Eigenschaft,

(a) so schreiben wir $\lim\limits_{x \to x_0} f(x) = y_0$,

(b) so schreiben wir $\lim\limits_{x \nearrow x_0} f(x) = y_0$,

(c) so schreiben wir $\lim\limits_{x \searrow x_0} f(x) = y_0$.

Notation: $U_\eta(x_0) := (x_0 - \eta\, , \, x_0 + \eta)$ heißt **Umgebung** von x_0, mit **Radius** $\eta > 0$.
$\dot{U}_\eta(x_0) := U_\eta(x_0) \setminus \{x_0\}$ heißt **punktierte Umgebung** von x_0.

Bemerkung: Es genügt sich auf Folgen $\{x_n\}_{n=1}^{\infty}$ mit (5.1) zu beschränken, die zusätzlich $x_n \in \dot{U}_\eta(x_0)$ erfüllen.

Rechenregeln für Grenzwerte von Funktionen folgen unmittelbar aus denen für Grenzwerte von Folgen (vgl. Satz 2.3.15)

Satz 2.5.2 *Seien* $f, g\colon (a,b) \to \mathbb{R}\, , \; x_0 \in (a,b)$

$$\lim_{x \to x_0} f(x) = y_0 \; , \quad \lim_{x \to x_0} g(x) = z_0 \; .$$

Dann gilt:

(i) $\lim\limits_{x \to x_0} [\alpha f(x) + \beta g(x)] = \alpha y_0 + \beta z_0 \qquad \forall\; \alpha, \beta \in \mathbb{R}$

(ii) $\lim\limits_{x \to x_0} [f(x) \cdot g(x)] = y_0 \cdot z_0$

(iii) *Falls* $z_0 \neq 0$*:*

$$\lim_{x \to x_0} \left[\frac{f(x)}{g(x)}\right] = \frac{y_0}{z_0}$$

Anwendung: $P_n = P_n(x)$ sei Polynom. Dann gilt

$$\lim_{x \to x_0} P_n(x) = P_n(x_0) \; . \tag{5.3}$$

Beispiel 2.5.3 *Für* $h(x) = \frac{x^m - 1}{x - 1}$, $x \in \dot{U}_\eta(x_0)\, ,\; x_0 = 1\, ,\; \eta > 0\, ,\; m \in \mathbb{N}$ *fest, gilt* $\lim\limits_{x \to 1} h(x) = m$.

Lemma 2.5.4 *Sei* P_n *Polynom vom Grad* n *mit Nullstelle* x_0 *und* Q_m *Polynom vom Grad* m *mit einfacher Nullstelle* x_0.

Dann gilt:

$$\lim_{x \to x_0} \frac{P_n(x)}{Q_m(x)} = \frac{\tilde{P}_{n-1}(x_0)}{\tilde{Q}_{m-1}(x_0)} \; , \tag{5.4}$$

wobei $P_n(x) = (x - x_0) \cdot \tilde{P}_{n-1}(x)$ und $Q_m(x) = (x - x_0) \cdot \tilde{Q}_{m-1}(x)$ mit $\tilde{Q}_{m-1}(x_0) \neq 0$.
Insbesondere existiert der Grenzwert links!

Beispiel: Für

$$h(x) = \frac{e^x - 1}{x}, \quad x \in \mathbb{R} \setminus \{0\} \text{ gilt } \lim_{x \to 0} h(x) = 1 . \tag{5.5}$$

Satz 2.5.5 (Vergleichskriterium für Grenzwerte von Funktionen):
Seien $f, g, h\colon (a,b) \to \mathbb{R}$, $x_0 \in (a,b)$ und für ein $\eta > 0$ gelte

$$g(x) \leq f(x) \leq h(x) \qquad \forall\, x \in \dot{U}_\eta(x_0) .$$

Dann gilt:

$$\left(\lim_{x \to x_0} g(x) = \lim_{x \to x_0} h(x) = y_0 \implies \lim_{x \to x_0} f(x) = y_0 \right)$$

Beweis: Mit Satz 2.3.16 (Sandwich–Lemma).

Bemerkung 2.5.6 *Ist $f\colon \mathbb{R}^+ \to \mathbb{R}$, so lässt sich*

$$\lim_{x \to \infty} f(x) = y_0$$

definieren, falls für jede Folge $\{x_n\}_{n \in \mathbb{N}}$ mit $x_n \to \infty$ (vgl. Def. 2.3.18) $\lim_{n \to \infty} f(x_n) = y_0$ gilt.

Definition 2.5.7 *Sei $f\colon (a,b) \to \mathbb{R}$, $x_0 \in (a,b)$. Dann heißt*

(a) f **in x_0 stetig**, *falls*

$$\lim_{x \to x_0} f(x) = f(x_0)$$

(b) f **in x_0 rechtsseitig stetig**, *falls*

$$\lim_{x \searrow x_0} f(x) = f(x_0)$$

(c) f **in x_0 linksseitig stetig**, *falls*

$$\lim_{x \nearrow x_0} f(x) = f(x_0) .$$

(d) *Ist f in jedem Punkt von (a,b) stetig, so heißt f auf (a,b)* **stetig**.

Bemerkung: Analog definiert man etwa
f stetig auf $[a,b)$ $:\Longleftrightarrow$ f stetig in (a,b) und f bei a rechtsseitig stetig.

Beispiel: Alle Polynome sind an allen Punkten stetig (Anwendung von (5.3)).

Satz 2.5.8 (ε–δ–Kriterium)
Sei $f\colon (a,b) \to \mathbb{R}$, $x_0 \in (a,b)$. Dann gilt (vgl. Abbildung 2.3):

$$f \text{ ist stetig in } x_0 \iff \left\{ \begin{array}{l} \forall\, \varepsilon > 0 \quad \exists\, \delta_0 > 0, \text{ so dass} \\[1ex] \big| f(x) - f(x_0) \big| < \varepsilon \qquad \forall\, x \in (x_0 - \delta_0,\, x_0 + \delta_0) \end{array} \right\} \tag{5.6}$$

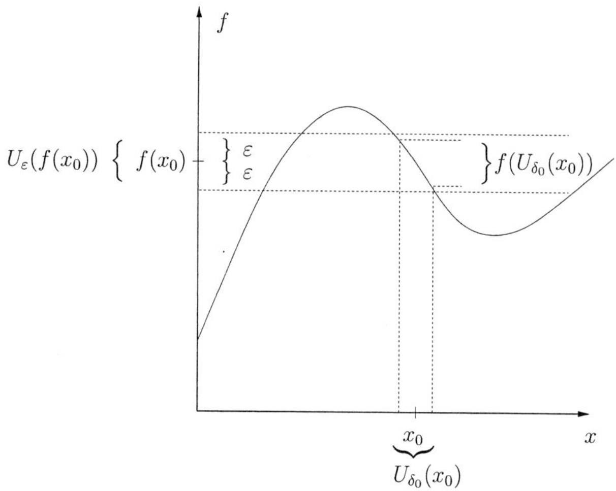

Abbildung 2.3: ε–δ–Kriterium

Bemerkung:

(i) $\delta_0 = \delta_0(\varepsilon, x_0)$ darf von ε und x_0 abhängen

(ii) Äquivalent mit Aussage (5.6) ist Folgendes:

$$\forall\ \varepsilon > 0 \quad \exists\ \delta_0 > 0\,, \text{ so dass } \Big(x \in U_{\delta_0}(x_0) \implies f(x) \in U_\varepsilon(f(x_0))\Big)\,. \tag{5.7}$$

(iii) Damit $f(x)$ in (5.6) definiert ist, muss δ_0 so klein sein, dass $(x_0 - \delta_0\,,\, x_0 + \delta_0) \subset (a,b)$.

Stetige Ergänzung

Die Funktion $h(x) = \frac{e^x - 1}{x}$ ist nicht stetig in $x_0 = 0$, weil sie dort gar nicht definiert ist. Sie ist aber stetig ergänzbar:

Definition 2.5.9 *Sei* $f\colon \dot{U}_\eta(x_0) \to \mathbb{R}$ *in* $\dot{U}_\eta(x_0)$ *stetig und es existiere* $y_0 := \lim\limits_{x \to x_0} f(x) \in \mathbb{R}$. *Dann heißt* f **in $\mathbf{x_0}$ stetig ergänzbar**. *Die Funktion*

$$\tilde{f}(x) := \begin{cases} f(x) & \forall\ x \in \dot{U}_\eta(x_0) \\ y_0 & \text{für } x = x_0 \end{cases}$$

heißt **stetige Ergänzung** *(oder* **Fortsetzung***) von* f *auf* $U_\eta(x_0)$.

Satz 2.5.10 **(i)** *$f, g\colon (a,b) \to \mathbb{R}$ seien in $x_0 \in (a,b)$ stetig. Dann sind auch $f + g$, $f \cdot g$ und, sofern $g(x_0) \neq 0$, auch $\frac{f}{g}$ stetig in x_0.*

(ii) *$f\colon (a,b) \to \mathbb{R}$ und $g\colon (c,d) \to \mathbb{R}$ seien reelle Funktionen mit $\mathcal{W}(f) \subset (c,d)$. Dann gilt*

$$\left.\begin{array}{l} f \text{ ist in } x_0 \in (a,b) \text{ stetig} \\ g \text{ ist in } y_0 := f(x_0) \text{ stetig} \end{array}\right\} \implies g \circ f\colon (a,b) \to \mathbb{R} \text{ ist in } x_0 \text{ stetig}\,.$$

Beispiel 2.5.11 (i) *Rationale Funktionen* $R(x) = \frac{P_n(x)}{Q_m(x)}$ *sind in allen Punkten* $x \in \mathbb{R}$ *stetig, in denen* $Q_m(x) \neq 0$ *ist.*

(ii) $h(x) = e^x$ *ist stetig auf ganz* $\mathbb{R}$.

2.6 Eigenschaften stetiger Funktionen

Definition 2.6.1 (Teilfolge):

Sei $\{x_n\}_{n=1}^{\infty}$ *eine Folge reeller Zahlen und* $\{n_k\}_{k=1}^{\infty}$ *sei eine streng monoton wachsende Folge mit* $n_k \in \mathbb{N}$. *Dann heißt die Folge*

$$x_{n_1}, x_{n_2}, \ldots, x_{n_k}, x_{n_{k+1}}, \ldots = \{x_{n_k}\}_{k=1}^{\infty}$$

eine **Teilfolge** *von* $\{x_n\}_{n=1}^{\infty}$.

Definition 2.6.2 (Häufungspunkt):

(a) *Sei* $\{x_n\}_{n=1}^{\infty}$ *Folge in* $\mathbb{R}$. *Dann heißt* $x_0 \in \mathbb{R}$ *ein* **Häufungspunkt der Folge** $\{x_n\}_{n=1}^{\infty}$, *wenn in jeder Umgebung* $U_\varepsilon(x_0)$, $\varepsilon > 0$, *von* x_0 *unendlich viele Folgenglieder* x_n *enthalten sind.*

(b) *Sei* $M \subset \mathbb{R}$. $x_0 \in \mathbb{R}$ *heißt* **Häufungspunkt der Menge** M, *wenn jede punktierte Umgebung* $\dot{U}_\varepsilon(x_0) = U_\varepsilon(x_0) \setminus \{x_0\}$ *von* x_0 *unendlich viele Elemente von* M *enthält.*

Beispiele:

(i) Die Folge $x_n = e^{[(-1)^n]} - \frac{1}{n^2}$ hat Häufungspunkte $x_0 = e$ und $\tilde{x}_0 = e^{-1}$.

(ii) Ebenso hat die Folge $y_n = e^{[(-1)^n]}$ dieselben Häufungspunkte.

(iii) Die Menge $M_1 = \{y_n \colon n \in \mathbb{N}\}$ hat allerdings keine Häufungspunkte, die Menge $\tilde{M}_1 = \{x_n \colon n \in \mathbb{N}\}$ dagegen schon.

(iv) $M_2 = [1,2] \cap \mathbb{Q}$ hat $[1,2]$ als Häufungspunkte.

Bemerkung: Ist x_0 Häufungspunkt von $\{x_n\}_{n=1}^{\infty}$, so folgt: x_0 ist Häufungspunkt von $\{x_n\}_{n=n_0}^{\infty}$ für $n_0 \in \mathbb{N}$ beliebig.

Satz 2.6.3 *Sei* $\{x_n\}_{n=1}^{\infty}$ *Folge in* $\mathbb{R}$. *Dann besitzt* $\{x_n\}_{n=1}^{\infty}$ *genau dann den Häufungspunkt* $x_0 \in \mathbb{R}$, *wenn es eine Teilfolge gibt, die gegen* x_0 *konvergiert.*

Definition 2.6.4 *Es sei* $\{x_n\}_{n=1}^{\infty}$ *Folge in* $\mathbb{R}$. *Dann heißt*

- *der größte Häufungspunkt* x^* *von* $\{x_n\}_{n=1}^{\infty}$ **Limes Superior**.
- *der kleinste Häufungspunkt* x_* *von* $\{x_n\}_{n=1}^{\infty}$ **Limes Inferior**.

Notation:

$$\begin{cases} \limsup\limits_{n\to\infty} x_n \quad \textit{oder} \quad \overline{\lim\limits_{n\to\infty}}\, x_n := x^* \\ \liminf\limits_{n\to\infty} x_n \quad \textit{oder} \quad \underline{\lim\limits_{n\to\infty}}\, x_n := x_* \end{cases} \tag{6.1}$$

Bemerkung: Bei unbeschränkten Folgen ist $x^* = \pm\infty$ und $x_* = \pm\infty$ als Wert zugelassen. In diesem Sinne häufen sich **unbeschränkte** Folgen also bei $+\infty$ oder $-\infty$.

Aber **Vorsicht**: $\pm\infty$ ist kein Häufungspunkt im Sinne von Definition 2.6.2 (**a**).

Beispiel: $x_n = e^{[(-1)^n]} - \frac{1}{n^2}$ hat $\limsup\limits_{n\to\infty} x_n = e$, $\liminf\limits_{n\to\infty} x_n = e^{-1}$.

Satz 2.6.5 (**Bolzano**[2] **& Weierstraß**[3])

Eine beschränkte Folge in $\mathbb{R}$ besitzt mindestens einen Häufungspunkt in $\mathbb{R}$.

Bemerkung:

(i) *Zusammen mit der Bemerkung von oben ist also für jede Folge $\{x_n\}_{n\in\mathbb{N}}$ sowohl $\limsup\limits_{n\to\infty} x_n$, als auch $\liminf\limits_{n\to\infty} x_n \in \mathbb{R} \cup \{\pm\infty\}$ definiert.*

(ii) *Man kann zeigen:*

$$\begin{aligned} (\alpha) \qquad \limsup_{n\to\infty} x_n &= \lim_{n\to\infty} \Big(\sup\{x_k,\ k \geq n\} \Big) \\ (\beta) \qquad \liminf_{n\to\infty} x_n &= \lim_{n\to\infty} \Big(\inf\{x_k,\ k \geq n\} \Big) \end{aligned} \tag{6.2}$$

Daraus lässt sich folgern, dass

$$\lim_{n\to\infty} x_n = a \iff \limsup_{n\to\infty} x_n = \liminf_{n\to\infty} x_n = a \tag{6.3}$$

Satz 2.6.6 *Eine Funktion auf $f\colon [a,b] \to \mathbb{R}$ sei stetig. Dann ist f beschränkt, d.h.*

$$\exists\ K > 0 \quad \textit{mit} \quad |f(x)| \leq K \qquad \forall\ x \in [a,b]\ .$$

Bemerkung 2.6.7 *Ist f nicht stetig, oder ist nur $f\colon (a,b) \to \mathbb{R}$ stetig, so ist der Satz falsch.*

Für $f\colon [a,b] \to \mathbb{R}$ stetig ist also der Wertebereich von f, $\mathcal{W}(f) \subset \mathbb{R}$, eine beschränkte Menge. Nach dem Vollständigkeitsaxiom (vgl. Def. 1.5.4) existieren damit

$$\begin{aligned} m &:= \inf \mathcal{W}(f) \in \mathbb{R} \\ M &:= \sup \mathcal{W}(f) \in \mathbb{R}\ . \end{aligned}$$

---

[2]**Bernhard Bolzano (1781–1848), deutscher Mathematiker**
[3]**Karl Weierstraß (1815 – 1897), deutscher Mathematiker**

Satz 2.6.8 (Weierstraß):

Sei $f\colon [a,b] \to \mathbb{R}$ stetig. Dann nimmt f auf $[a,b]$ ihr Infimum und ihr Supremum (des Wertebereichs) an (d.h. $m \in \mathcal{W}(f)$ und $M \in \mathcal{W}(f)$).

Bemerkung:

(i) Wieder sind die Stetigkeit von f und die Abgeschlossenheit von $[a,b]$ wesentliche Voraussetzungen für Satz 2.6.8.

(ii) Der Beweis von Satz 2.6.8 ist nicht konstruktiv.

Satz 2.6.9 (Zwischenwertsatz von Bolzano (ZWS)):

Sei $f\colon [a,b] \to \mathbb{R}$ stetig.

(i) *Wenn $f(a) \cdot f(b) < 0$, dann hat f eine Nullstelle in (a,b), d.h. $\exists\ x_0 \in (a,b)$ mit $f(x_0) = 0$.*

(ii) *Mit $m := \inf \mathcal{W}(f)$ und $M := \sup \mathcal{W}(f)$ gilt:*

$$\mathcal{W}(f) = [m, M],$$

d.h. $\forall\ \mu \in [m,M]$ existiert ein $x \in [a,b]$ mit $f(x) = \mu$.

Beweisidee: Iteriertes halbieren des Intervalls liefert entweder direkt eine Nullstelle, oder eine Folge von Intervallen

$$[a_n, b_n] \subset [a_{n-1}, b_{n-1}] \text{ mit } b_n - a_n = 2^{-n}(b-a) \to 0 \ (n \to \infty)$$

und $f(a_n) \cdot f(b_n) < 0$. Dies wiederum definiert eine Intervallschachtelung, welche ein eindeutiges $x_0 \in \mathbb{R}$ mit $a_n \leq x_0 \leq b_n$ definiert (Übung A 15). Wegen der Folgenstetigkeit von f folgt $f(x_0) = 0$.

□

Satz 2.6.10 (Stetigkeit der Umkehrfunktion)

Sei $f\colon [a,b] \to \mathbb{R}$ stetig, streng monoton wachsend.
Setze $A := f(a)$, $B := f(b)$. Dann ist $f\colon [a,b] \to [A,B]$ bijektiv und die Umkehrfunktion

$$g = f^{-1}\colon [A,B] \to [a,b] \subset \mathbb{R}$$

ist ebenfalls streng monoton wachsend und stetig.

Bemerkung:

(i) Für f streng monoton fallend gilt ein analoger Satz.

(ii) Im Vergleich mit Satz 2.1.17 müssen wir die Surjektivität jetzt nicht mehr fordern.

Beweisidee: Aus $a < x < b$ folgt wegen der strengen Monotonie, dass $f(a) < f(x) < f(b)$, d.h. $\mathcal{W}(f) \subset [A, B]$ und mit Satz 2.6.9 folgt $\mathcal{W}(f) = [A, B]$.

Somit ist $f[a, b] \to [A, B]$ bijektiv. Die Existenz der streng monoton wachsenden Umkehrfunktion g wurde bereits in Satz 2.1.17 gezeigt. Es bleibt zu zeigen, dass $g\colon [A, B] \to [a, b] \subset \mathbb{R}$ stetig ist...

□

Bemerkung: Ein analoger Satz gilt für $f\colon (a, b) \to \mathbb{R}$ stetig und streng monoton, wobei sogar $a = -\infty$ oder $b = +\infty$ zugelassen sind.

Beispiele 2.6.11 (i) *$f\colon \mathbb{R} \to \mathbb{R}^+$, $f(x) = e^x$ ist stetig und streng monoton wachsend. Damit ist auch* $\log\colon \mathbb{R}^+ \to \mathbb{R}$ *stetig und streng monoton wachsend.*

(ii) *Sei $n \in \mathbb{N}$ fest: $f : \mathbb{R}_0^+ \to \mathbb{R}_0^+$, $f(x) = x^n$ ist stetig und streng monoton wachsend. Folglich ist auch $g(x) = x^{\frac{1}{n}} = \sqrt[n]{x}$ stetig und streng monoton wachsend.*

Verfahren zum Auffinden von Nullstellen:

- Die Intervallhalbierungsmethode aus dem Beweis des Zwischenwertsatzes ist konstruktiv. $\Big([a_n, b_n) \subset [a_{n-1}, b_{n-1}]\Big)$ ist berechenbar und $\lim\limits_{n\to\infty} a_n = \lim\limits_{n\to\infty} b_n$ liefert die Nullstelle.
- Sekanten–Verfahren (regula falsi) beruht auf demselben Prinzip, wählt aber neue Intervalle „geschickter“.

Satz 2.6.12 *Sei $P_{2m-1} = P_{2m-1}(x)$, $x \in \mathbb{R}$ und $m \in \mathbb{N}$, ein Polynom vom Grand $2m - 1$. Dann besitzt P_{2m-1} mindestens eine Nullstelle $x_0 \in \mathbb{R}$.*

Definition 2.6.13 *Sei $f\colon M \to \mathbb{R}$, $M \subset \mathbb{R}$ und $x_0 \in M$. Dann heißt x_0 ein* **Fixpunkt** *von f, wenn*

$$f(x_0) = x_0 \tag{6.4}$$

gilt.

Bemerkung:

(i) Fixpunkte von f sind Schnittpunkte vom Graphen von f mit der Winkelhalbierenden $\{y = x\}$.

(ii) f hat einen Fixpunkt $\iff g(x) := f(x) - x$ hat eine Nullstelle.

Satz 2.6.14 *Sei $f\colon [a, b] \to \mathbb{R}$ stetig mit $\mathcal{W}(f) \subset [a, b]$. Dann besitzt f mindestens einen Fixpunkt.*

Definition 2.6.15 *Sei $f\colon M \to \mathbb{R}$, $M \subset \mathbb{R}$ reelle Funktion. Dann heißt f* **auf M gleichmäßig stetig**, *wenn es zu jedem $\varepsilon > 0$ ein $\delta_0 = \delta_0(\varepsilon) > 0$ gibt, so dass für alle $x, y \in M$ gilt*

$$\Big[|x-y| < \delta_0 \implies |f(x)-f(y)| < \varepsilon\Big] .$$

Bemerkung: Wegen dem ε–δ Kriterium für Stetigkeit ist „gleichmäßige Stetigkeit auf M" offenbar mehr als „stetig in jedem Punkt x aus M". Für abgeschlossene Intervalle ist es aber äquivalent:

Satz 2.6.16 *Sei $f\colon [a,b] \to \mathbb{R}$ stetig. Dann ist f auf $[a,b]$ auch gleichmäßig stetig.*

2.7 Unendliche Reihen

Definition 2.7.1 *Zu einer gegebenen reellen Folge $\{a_n\}_{n\in\mathbb{N}}$ definiert man mit*

$$S_N := \sum_{n=1}^{N} a_n = a_1 + \cdots + a_N \in \mathbb{R} \tag{7.1}$$

eine neue Folge $\{S_N\}_{N\in\mathbb{N}}$. Diese **Folge** *bezeichnet man als* **unendliche Reihe** *oder kurz* **Reihe**. *S_N heißt* **N–te Teilsumme (Partialsumme)** *der unendlichen Reihe. Die a_n heißen* **Glieder der Reihe**. *Wir sagen, die unendliche Reihe* **konvergiert mit Grenzwert S**, *wenn*

$$\lim_{N\to\infty} S_N = S \tag{7.2}$$

gilt. Falls $\lim\limits_{N\to\infty} S_N$ **nicht** *existiert (in $\mathbb{R}$), so heißt die unendliche Reihe* **divergent**.

Notation: Mit dem Symbol

$$\sum_{n=1}^{\infty} a_n \tag{7.3}$$

wollen wir sowohl

- die unendliche Reihe, als auch
- ihren Grenzwert S bezeichnen.

Beispiel 2.7.2 *Die unendliche Reihe*

$$\sum_{n=0}^{\infty} q^n = \left(\sum_{n=0}^{N} q^n\right)_{N\in\mathbb{N}} , \quad q \in \mathbb{R} ,$$

heißt **geometrische** Reihe. Für $|q| < 1$ hat diese den Grenzwert $\sum\limits_{n=0}^{\infty} q^n = \frac{1}{1-q}$.

Satz 2.7.3 (Cauchy–Kriterium für Reihen):

Sei $\sum_{n=1}^{\infty} a_n$ *unendliche Reihe. Dann konvergiert die Reihe genau dann, wenn*

$$\forall\ \varepsilon > 0 \quad \exists\ N_0 = N_0(\varepsilon) \in \mathbb{N}: \left| \sum_{\ell=m+1}^{n} a_\ell \right| < \varepsilon \qquad \forall\ n,m > N_0\ . \tag{7.4}$$

Folgerung 2.7.4 *Falls die Reihe* $\sum_{n=1}^{\infty} a_n$ *konvergiert, dann gilt*

$$\lim_{n\to\infty} a_n = 0\ . \tag{7.5}$$

Bemerkung:

(i) Falls $\{a_n\}_{n\in\mathbb{N}}$ keine Nullfolge ist, dann muss die Reihe $\sum_{n=1}^{\infty} a_n$ divergent sein.

(ii) Bedingung (7.5) ist **nur notwendig** für die Konvergenz. Sie ist **nicht hinreichend**.

Beispiel 2.7.5 (harmonische Reihe): $\sum_{n=1}^{\infty} \frac{1}{n}$ *ist nicht konvergent.*

Satz 2.7.6 (Leibniz–Kriterium):

Sei $\{a_n\}_{n=1}^{\infty}$ *monoton fallend und* $a_n > 0$ *mit*

$$\lim_{n\to\infty} a_n = 0\ .$$

Dann ist die **alternierende Reihe**

$$\sum_{n=1}^{\infty} (-1)^{n+1} a_n = a_1 - a_2 + a_3 - a_4 + \cdots \tag{7.6}$$

konvergent.

Beweisidee: Sei $S_N = \sum_{n=1}^{N} (-1)^{n+1} a_n$ die Partialsumme. Dann ist $\{S_{2N}\}_{N=1}^{\infty}$ nach oben beschränkt und monoton wachsend. Damit ist $\{S_{2N}\}_{N=1}^{\infty}$ konvergent und ebenso $\{S_N\}_{N=1}^{\infty}$.

□

Satz 2.7.7 (Rechenregeln für Reihen):

Seien $\sum_{n=1}^{\infty} a_n$ *und* $\sum_{n=1}^{\infty} b_n$ **konvergente** *Reihen mit Grenzwerten a und b. Dann gilt:*

(i) *Für jedes* $c \in \mathbb{R}$ *ist*

$$\sum_{n=1}^{\infty} (c \cdot a_n) = c \cdot a .$$

(ii) $\sum_{n=1}^{\infty} (a_n + b_n) = a + b .$

(iii) *Setzt man* $A_k := a_{n_k} + \ldots + a_{(n_{k+1}-1)}$ *für eine Index–Folge* $\{n_k\}_{k\in\mathbb{N}} \subset \mathbb{N}$ *mit* $1 = n_1 < \ldots < n_k < \ldots$. *Dann ist auch die Reihe* $\sum_{k=1}^{\infty} A_k$ *konvergent und ihr Grenzwert erfüllt*

$$\sum_{k=1}^{\infty} A_k = \sum_{n=1}^{\infty} a_n = a .$$

Bemerkungen 2.7.8 (a) *Aus* (iii) *von oben folgt insbesondere:*

In konvergenten Reihen darf man Klammern setzen, ohne den Grenzwert zu ändern

(b) *Ohne die Annahme, dass* $\sum_{n=1}^{\infty} a_n$ *konvergiert, wird das falsch. Gegenbeispiel*

$$\sum_{n=1}^{\infty} (-1)^{n+1} = 1 - 1 + 1 - 1 + \ldots .$$

Definition 2.7.9 *Die unendliche Reihe* $\sum_{n=1}^{\infty} a_n$ *heißt* **absolut konvergent**, *wenn* $\sum_{n=1}^{\infty} |a_n|$ *konvergent ist. Wenn* $\sum_{n=1}^{\infty} a_n$ *konvergent ist, aber* $\sum_{n=1}^{\infty} |a_n|$ *nicht konvergent, so heißt* $\sum_{n=1}^{\infty} a_n$ **bedingt konvergent**.

Beispiel: $\sum_{n=1}^{\infty} (-1)^n \frac{1}{n}$ *ist bedingt konvergent, aber nicht absolut konvergent.*

Bemerkung 2.7.10 (i) *Jede absolut konvergente Reihe ist auch konvergent.*

(ii) *Mit* $\overline{S}_N := \sum_{k=1}^{N} |a_k|$ *gilt:*

$$\sum_{n=1}^{\infty} a_n \text{ ist absolut konvergent} \iff \left\{\overline{S}_N\right\}_{N=1}^{\infty} \text{ ist beschränkt}$$

Satz 2.7.11 **(Vergleichskriterium):**

Seien $\sum_{n=1}^{\infty} a_n$ *und* $\sum_{n=1}^{\infty} b_n$ *unendliche Reihen mit*

$$|a_n| \leq b_n \qquad \forall\, n \in \mathbb{N} .$$

(i) *Wenn* $\sum\limits_{n=1}^{\infty} b_n$ *konvergent ist, so ist* $\sum\limits_{n=1}^{\infty} a_n$ *absolut konvergent.*

(ii) *Wenn* $\sum\limits_{n=1}^{\infty} |a_n|$ *divergent ist, so ist auch* $\sum\limits_{n=1}^{\infty} b_n$ *divergent.*

Sprechweise: In **(i)** sagt man $\sum\limits_{n=1}^{\infty} b_n$ **majorisiert** $\sum\limits_{n=1}^{\infty} |a_n|$. Die Reihe $\sum\limits_{n=1}^{\infty} b_n$ heißt **konvergente Majorante**. Im Fall **(ii)** wäre $\sum\limits_{n=1}^{\infty} |a_n|$ **divergente Minorante** von $\sum\limits_{n=1}^{\infty} b_n$.

Beispiel 2.7.12 *Es sei* $\displaystyle\sum_{n=1}^{\infty} \frac{1}{n^\alpha}$, $\alpha \in \mathbb{R}$. *Die Reihe ist konvergent, falls* $\alpha > 1$, *und divergent, falls* $\alpha \leq 1$.

Satz 2.7.13 (Quotientenkriterium):
Sei $\sum\limits_{n=1}^{\infty} a_n$ *eine Reihe mit* $a_n \neq 0$, $\forall\ n \geq n_0$. *Falls die Folge* $\left\{ \left|\frac{a_{n+1}}{a_n}\right| \right\}_{n \geq n_0}$ *konvergiert mit* $\alpha := \lim\limits_{n\to\infty} \left|\frac{a_{n+1}}{a_n}\right|$, *dann gilt:*

(i) $\sum\limits_{n=1}^{\infty} a_n$ *ist absolut konvergent, wenn* $\alpha < 1$ *ist.*

(ii) $\sum\limits_{n=1}^{\infty} a_n$ *ist divergent, wenn* $\alpha > 1$ *ist.*

Beweisidee: Vergleich mit der geometrischen Reihe.

□

Bemerkung:

(a) Für $\alpha = 1$ erhält man keine Aussage.

(b) Selbst bei $\left|\frac{a_{n+1}}{a_n}\right| < 1 \quad \forall\ n \in \mathbb{N}$, kann trotzdem $\alpha = 1$ sein.

Bemerkung:

(a) Ist statt **(i)** nur $\tilde{\alpha} := \limsup\limits_{n\to\infty} \left|\frac{a_{n+1}}{a_n}\right| < 1$, so genügt das bereits für absolute Konvergenz.

(b) Falls statt **(ii)** nur $\tilde{\alpha} := \liminf\limits_{n\to\infty} \left|\frac{a_{n+1}}{a_n}\right| > 1$, ist das für die Divergenz ebenfalls hinreichend.

Beispiel 2.7.14 (Exponentialreihe):
Sei $x \in \mathbb{R}$ *fest. Dann ist die Reihe* $\sum\limits_{n=0}^{\infty} \frac{x^n}{n!}$ *absolut konvergent.*

Satz 2.7.15 (Wurzelkriterium):

Sei $\sum\limits_{n=1}^{\infty} a_n$ *eine unendliche Reihe für die* $\alpha := \lim\limits_{n\to\infty} \sqrt[n]{|a_n|}$ *existiert. Dann gilt:*

(i) $\sum\limits_{n=1}^{\infty} a_n$ *ist absolut konvergent, falls* $\alpha < 1$.

(ii) $\sum\limits_{n=1}^{\infty} a_n$ *ist divergent, falls* $\alpha > 1$.

Beweisidee: Vergleich mit der geometrischen Reihe.

□

Bemerkung:

(a) Wieder genügt statt **(i)** $\tilde{\alpha} = \limsup\limits_{n\to\infty} \sqrt[n]{|a_n|} < 1$ für die absolute Konvergenz.

(b) Falls statt **(ii)** $\tilde{\alpha} = \limsup\limits_{n\to\infty} \sqrt[n]{|a_n|} > 1$, so ist $\sum\limits_{n=1}^{\infty} a_n$ auch divergent.

(c) Wieder erlaubt $\alpha = 1$ keine Aussage.

Beispiel: Die Reihe $\sum\limits_{n=1}^{\infty} \frac{1}{n^n}$ ist konvergent.

Satz 2.7.16 (Cauchyscher Verdichtungssatz):

Sei $\sum\limits_{n=1}^{\infty} a_n$ *eine Reihe mit* $\{a_n\}_{n=1}^{\infty}$ *monoton fallend und* $a_n > 0\ \forall\ n \in \mathbb{N}$. *Dann gilt:*

$$\sum_{n=1}^{\infty} a_n \text{ ist konvergent} \iff \sum_{k=0}^{\infty} 2^k\, a_{(2^k)} \text{ ist konvergent}$$

Beispiel 2.7.17 *Die Reihe* $\sum\limits_{n=2}^{\infty} \frac{1}{n \cdot \log n}$ *ist divergent.*

Umordnungen:

Durch Umordnungen der Summanden einer Reihe wird i.A. das Konvergenzverhalten verändert. Man kann zeigen:

$$\text{(a)} \quad \sum_{n=1}^{\infty} (-1)^{n+1} \cdot \frac{1}{n} = 1 - \frac{1}{2} + \frac{1}{3} - \frac{1}{4} + \frac{1}{5} - \ldots = \log 2$$

$$\text{(b)} \quad \left(1 + \frac{1}{3}\right) - \frac{1}{2} + \left(\frac{1}{5} + \frac{1}{7}\right) - \frac{1}{4} + \ldots = \frac{3}{2}\log 2\,, \qquad (7.7)$$

wobei in **(b)** immer zwei der positiven Summanden zwischen einem negativen Summanden sind.

Die Änderung des Grenzwerts ist bei absolut konvergenten Reihen allerdings ausgeschlossen:

Satz 2.7.18 *Sei* $\sum\limits_{n=1}^{\infty} a_n$ *absolut konvergent und sei* $k\colon \mathbb{N} \to \mathbb{N}$ *eine Bijektion.*
Dann konvergiert auch $\sum\limits_{n=1}^{\infty} a_{k(n)}$ *und hat denselben Grenzwert.*

2.8 Potenzreihen

Definition 2.8.1 *Sei* $\{a_n\}_{n=0}^{\infty}$ *Folge reeller Zahlen. Die Abbildungsvorschrift*

$$\begin{aligned} f\colon K &\to \mathbb{R} \\ x &\mapsto \sum_{n=0}^{\infty} a_n\, x^n \end{aligned} \tag{8.1}$$

heißt **Potenzreihe** *in* x. *Die Zahlen* a_n *heißen* **Koeffizienten** *der Potenzreihe.*
K *ist die* **Definitionsmenge** *von* f, *d.h.*

$$K = \left\{ x \in \mathbb{R}\colon \sum_{n=0}^{\infty} a_n\, x^n \text{ ist konvergent} \right\} \subset \mathbb{R}\,. \tag{8.2}$$

Die Zahl

$$R := \sup \Big\{ |y|\colon\ y \in K \Big\} \tag{8.3}$$

heißt **Konvergenzradius** der Potenzreihe.

Satz 2.8.2 *Sei* $\sum\limits_{n=0}^{\infty} a_n\, x^n$ *eine Potenzreihe mit Konvergenzradius* R.
Dann gilt:

(i) *Ist* $R = 0$, *dann ist* $K = \{0\}$, *d.h.* $\sum\limits_{n=0}^{\infty} a_n\, x^n$ *konvergiert nur für* $x = 0$.

(ii) *Ist* $R > 0$, *dann ist* $(-R, R) \subset K$, *d.h.* $\sum\limits_{n=0}^{\infty} a_n\, x^n$ *konvergiert* $\forall\ x\colon |x| < R$.

Mehr noch: $\sum\limits_{n=0}^{\infty} a_n\, x^n$ *ist sogar absolut konvergent.*

(iii) *Für* $|x| > R$ *ist* $\sum\limits_{n=0}^{\infty} a_n\, x^n$ *divergent.*

Bemerkung: Für $x \in \mathbb{R}$ mit $|x| = R$ ist die Konvergenz unklar.

Weiteres Ziel: Berechnen des Konvergenzradius R.

Satz 2.8.3 (i) **(Quotientenkriterium)**

Sei $\sum_{n=0}^{\infty} a_n x^n$ *eine Potenzreihe mit* $a_n \neq 0$ *und*

$$\lim_{n\to\infty} \left|\frac{a_{n+1}}{a_n}\right| =: A . \tag{8.4}$$

Dann gilt für den Konvergenzradius der Reihe $R = \frac{1}{A}$, *(wobei* $0 = \frac{1}{\infty}$ *und* $\infty = \frac{1}{0}$ *gesetzt wird).*

(ii) **(Wurzelkriterium I)**

Sei $\sum_{n=0}^{\infty} a_n x^n$ *Potenzreihe mit*

$$\lim_{n\to\infty} \sqrt[n]{|a_n|} =: B . \tag{8.5}$$

Dann gilt für den Konvergenzradius der Reihe $R = \frac{1}{B}$, *(wobei* $0 = \frac{1}{\infty}$ *und* $\infty = \frac{1}{0}$ *gesetzt wird).*

Beispiele 2.8.4 $f(x) = \sum_{n=1}^{\infty} \frac{1}{n} x^n$ *hat den Konvergenzradius* $R = 1$. *Für* $x = -1$ *ist die Reihe bedingt konvergent, für* $x = 1$ *ist die Reihe divergent.*

Manchmal sind (unendlich) viele der $a_n = 0$.

Definition 2.8.5 *Sei* $x \in \mathbb{R}$.

(i) $\sum_{n=0}^{\infty} \frac{(-1)^n}{(2n+1)!} x^{2n+1} =: \sin(x)$ *heißt* „**Sinusreihe**“

(ii) $\sum_{n=0}^{\infty} \frac{(-1)^n}{(2n)!} x^{2n} =: \cos(x)$ *heißt* „**Cosinusreihe**“

Im Folgenden erhalten wir eine Verbesserung von Satz 2.8.3 (ii).

Satz 2.8.6 (Wurzelkriterium II)

Sei $\sum_{n=0}^{\infty} a_n x^n$ *Potenzreihe mit*

$$\limsup_{n\to\infty} \sqrt[n]{|a_n|} = B . \tag{8.6}$$

Dann gilt für den Konvergenzradius der Reihe $R = \frac{1}{B}$ *(mit* $0 = \frac{1}{\infty}$ *und* $\infty = \frac{1}{0}$*).*

Weiteres Ziel: Stetigkeit von Potenzreihen.

Satz 2.8.7 *Sei* $f(x) = \sum\limits_{n=0}^{\infty} a_n x^n$ *Potenzreihe mit Konvergenzradius* $R > 0$. *Dann ist* $f\colon (-R, R) \to \mathbb{R}$ *stetig.*

Multiplikation von unendlichen Reihen

Wir betrachten zunächst eine doppelte indizierte Folge $a_{ij} \in \mathbb{R}$, $i \in \mathbb{N}$ und $j \in \mathbb{N}$.

$$\begin{array}{cccc} a_{11} & a_{12} & a_{13} & \ldots \\ a_{21} & a_{22} & a_{23} & \ldots \\ a_{31} & a_{32} & a_{33} & \ldots \\ \vdots & \vdots & \vdots & \end{array}$$

Wollen wir die a_{ij} aufsummieren, müssen wir eine Reihenfolge festlegen.

Jede Bijektion

$$\begin{aligned} \psi\colon\ \mathbb{N}\times\mathbb{N} &\to \mathbb{N} \\ (i,j) &\mapsto k = \psi(i,j) \end{aligned}$$

liefert eine Summationsvorschrift:

$$\sum_{i,j=1}^{\infty} a_{ij} := \sum_{k=1}^{\infty} a_{\psi^{-1}(k)} \tag{8.7}$$

Falls die Reihe $\sum\limits_{k=1}^{\infty} a_{\psi^{-1}(k)}$ absolut konvergent ist, führt jede Umordnung zum selben Grenzwert der Reihe (vgl. Satz 2.7.18).

In diesem Fall gilt also auch

$$\sum_{i,j=1}^{\infty} a_{ij} = \sum_{i=1}^{\infty}\left(\sum_{j=1}^{\infty} a_{ij}\right) = \sum_{j=1}^{\infty}\left(\sum_{i=1}^{\infty} a_{ij}\right). \tag{8.8}$$

Satz 2.8.8 *Seien* $\sum\limits_{n=1}^{\infty} a_n$ *und* $\sum\limits_{n=1}^{\infty} b_n$ *zwei absolut konvergente Reihen. Dann gilt:*

$$\left(\sum_{n=1}^{\infty} a_n\right)\cdot\left(\sum_{m=1}^{\infty} b_m\right) = \sum_{n,m=1}^{\infty} a_n \cdot b_m \tag{8.9}$$

und die Doppelreihe ist wieder absolut konvergent.

Satz 2.8.9 (Cauchy[4]–Produkt)
Seien $\sum\limits_{n=0}^{\infty} a_n x^n$ *und* $\sum\limits_{m=0}^{\infty} b_m x^m$ *Potenzreihen mit Konvergenzradien* R *und* S. *Dann hat ihr Produkt Konvergenzradius* $T \geq \min(R,S)$ *und es gilt mit* $c_k = \sum\limits_{\ell=0}^{k} a_\ell \, b_{k-\ell}$

$$\left(\sum_{n=0}^{\infty} a_n \, x^n\right) \cdot \left(\sum_{m=0}^{\infty} b_m \, x^m\right) = \sum_{k=0}^{\infty} c_k \, x^k \, . \tag{8.10}$$

Bemerkung: Setzt man in (8.10) $x = 1$ nennt man die Formel **Cauchy–Produkt** von unendlichen Reihen.

Anwendungen auf Exponentialfunktion und trigonometrische Funktionen

Satz 2.8.10 *Die Exponentialreihe* $f(x) = \sum\limits_{k=0}^{\infty} \frac{x^k}{k!} = \lim\limits_{n\to\infty} \sum\limits_{k=0}^{n} \frac{x^k}{k!}$ *hat nach Beispiel 2.7.14 den Konvergenzradius* $R = \infty$ *und es gilt*

$$f(x) = \exp(x) \overset{Def.\ 2.4.2}{=} \lim_{n\to\infty} \left(1 + \frac{x}{n}\right)^n \tag{8.11}$$

Beweisidee: Wir verwenden die **binomische Formel.**

Für $n \in \mathbb{N}$ und $a, b \in \mathbb{C}$ gilt

$$(a+b)^n = \sum_{k=0}^{n} \binom{n}{k} a^k \, b^{n-k} \, ,$$

wobei $\binom{n}{k} = \frac{n!}{k!(n-k)!}$ der **Binomialkoeffizient** ist.

□

Wir haben also die Darstellung

$$\exp(x) = \sum_{n=0}^{\infty} \frac{x^n}{n!} , \quad \text{für} \quad x \in \mathbb{R} \, .$$

Man kann zeigen, dass die Reihe sogar für $x \in \mathbb{C}$ Sinn macht (absolut konvergent ist!).

Dazu nötig:

- Folgen und Reihen in $\mathbb{C}$
- Vollständigkeit von $\mathbb{C}$

---

[4]**Augustin L. Cauchy (1789 – 1857), französischer Mathematiker**

- Konvergenzbegriff in $\mathbb{C}$ für Folgen

$$a_n \in \mathbb{C} \to a \in \mathbb{C} \ (n \to \infty) \ \overset{\text{Def.}}{:\Longleftrightarrow} \ |a_n - a| \to 0 \qquad n \to \infty$$

- Konvergenz von Reihen in $\mathbb{C}$ über Konvergenz der Partialsummen
- Konvergenzkriterien für Reihen in $\mathbb{C}$ (insbesondere Quotientenkriterium)

In Analogie zu vorher, werden wir im Folgenden für die Exponentialreihe sowohl $\exp(z)$, als auch e^z $(z \in \mathbb{C})$ schreiben.

Satz 2.8.11 (Eigenschaften der komplexen Exponentialfunktion)

(a) $\exp(z_1 + z_2) = \exp(z_1) \cdot \exp(z_2) \quad \forall\ z_1, z_2 \in \mathbb{C}$ *(Funktionalgleichung des* exp*)*

(b) $|\exp(i\varphi)| = 1 \quad \forall\ \varphi \in \mathbb{R}$

(c) $\overline{\exp(i\varphi)} = \exp(-i\varphi) \quad \forall\ \varphi \in \mathbb{R}$

Beweisidee: Mit Cauchy–Produkt und binomischer Formel.

□

Satz 2.8.12 (Elementare Eigenschaften von Sinus und Cosinus)
Die für $x \in \mathbb{R}$ in Definition 2.8.5 eingeführten unendlichen Reihen $\sin(x)$ *und* $\cos(x)$ *haben folgende Eigenschaften*

(i) $\sin(x)$ *und* $\cos(x)$ *sind stetig auf* $\mathbb{R}$

(ii) $\sin(-x) = -\sin(x)\,, \quad \cos(-x) = \cos(x)$

(iii) $\cos(0) = 1\ ,\ \sin(0) = 0$

(iv) $\lim\limits_{x \to 0} \dfrac{\sin x}{x} = 1$

Satz 2.8.13 (Eulersche[5] Formel)
Für $x \in \mathbb{R}$ gilt

$$e^{ix} = \underbrace{\exp(ix)}_{\in \mathbb{C}} = \underbrace{\cos(x)}_{\in \mathbb{R}} + i\,\underbrace{\sin(x)}_{\in \mathbb{R}}$$

d.h. $Re(e^{ix}) = \cos(x)\,,\ Im(e^{ix}) = \sin(x)$ *und*

$$\sin^2(x) + \cos^2(x) = |e^{ix}|^2 = 1\ . \tag{8.12}$$

[5] **Leonard Euler (1707 – 1783), schweizer Mathematiker und Physiker**

Vergleiche auch Abbildung 2.4. Insbesondere ist

$$\sin x \in [-1,1] \text{ und } \cos x \in [-1,1] \text{ für alle } x \in \mathbb{R} . \tag{8.13}$$

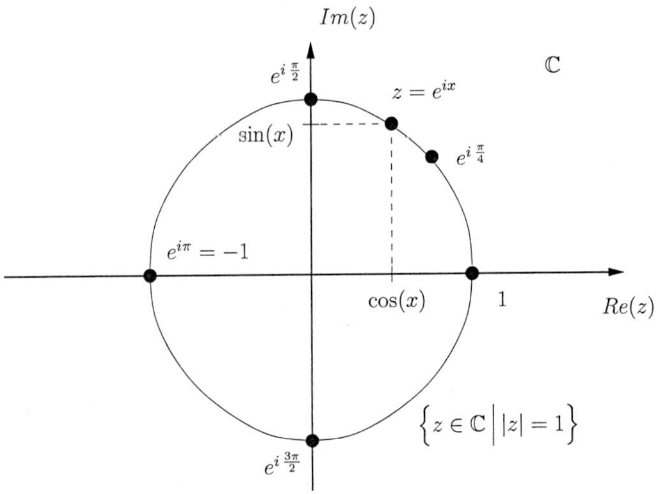

Abbildung 2.4: Exponentialfunktion auf dem Einheitskreis

Satz 2.8.14 (Additionstheoreme)

Für alle $x, y \in \mathbb{R}$ gilt:

(i) $\sin(x+y) = \sin(x) \cdot \cos(y) + \cos(x) \cdot \sin(y)$

(ii) $\cos(x+y) = \cos(x) \cdot \cos(y) - \sin(x) \cdot \sin(y)$

Man kann zeigen:

Satz 2.8.15 (a) *Der Cosinus ist im Intervall $[0,2]$ streng monoton fallend und hat dort genau eine Nullstelle $\chi \in (0,2)$.*

(b) $\sin(x) > 0 \quad \forall\ x \in (0,2]$.

Definition 2.8.16 (Kreiszahl π)

Wir setzen

$$\pi := 2 \cdot \chi \approx 3.1415...$$

Insbesondere gilt $\cos\left(\frac{\pi}{2}\right) = 0$ und $\sin\left(\frac{\pi}{2}\right) = 1$, also $e^{i\frac{\pi}{2}} = i$.

Lemma 2.8.17 **(i) – (iii)** *Wertetabelle für* exp, cos *und* sin *(vgl. Abbildungen 2.4 und 2.5).*

φ	0	$\frac{\pi}{4}$	$\frac{\pi}{2}$	π	$\frac{3}{2}\pi$	2π
$\exp(i\varphi)$	1	$\frac{1}{\sqrt{2}}(1+i)$	i	-1	$-i$	1
$\sin(\varphi)$	0	$\frac{1}{\sqrt{2}}$	1	0	-1	0
$\cos(\varphi)$	1	$\frac{1}{\sqrt{2}}$	0	-1	0	1

(iv) $\sin(\varphi) = \sin(\varphi + 2\pi)$, $\cos(\varphi) = \cos(\varphi + 2\pi)$, $\exp(i\varphi) = \exp(i(\varphi + 2\pi))$ $\forall\ \varphi \in \mathbb{R}$

(d.h. Sinus, Cosinus und $\exp(i\cdot)$ *sind* **2π periodisch***)*

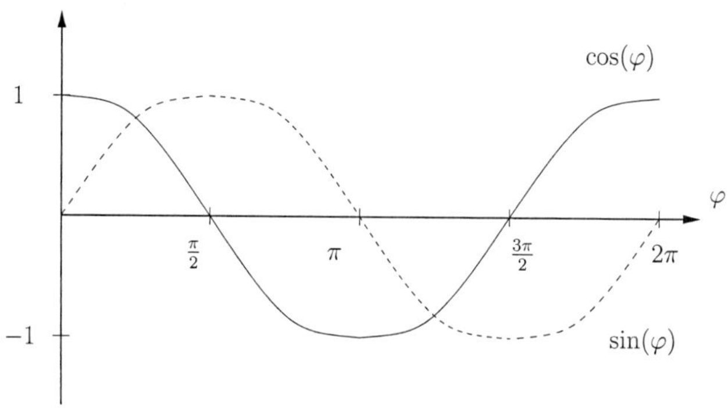

Abbildung 2.5: Sinus und Cosinus

Satz 2.8.18 *Jede komplexe Zahl* $z = x + iy \neq 0$ *besitzt die Darstellung*

$$z = |z| \cdot e^{i\varphi} = |z| \cdot (\cos\varphi + i\sin\varphi) \tag{8.14}$$

für ein eindeutiges $\varphi \in [0, 2\pi)$, *wobei wir* φ *den* **orientierten Winkel** *zwischen* $\begin{pmatrix} 1 \\ 0 \end{pmatrix}$ *und* $\begin{pmatrix} x \\ y \end{pmatrix}$ *nennen. (8.14) heißt* **Polardarstellung** *von* z. *Der Winkel* $\varphi = \arg(z)$ *heißt auch* **Argument** *der komplexen Zahl* z.

Bemerkung: $\sin\varphi = \dfrac{y}{|z|}$, $\cos\varphi = \dfrac{x}{|z|}$.

Wir fassen nochmal zusammen:

Satz 2.8.19 (Rechenregeln in $\mathbb{C}$)
Für alle $z, w \in \mathbb{C}$ *gilt:*

(a) $\overline{z + w} = \overline{z} + \overline{w}$

(b) $\overline{z \cdot w} = \overline{z} \cdot \overline{w}$

(c) $|z| \geq 0$ *und* $[\,|z| = 0 \iff z = 0\,]$ **(Definitheit der Norm)**

(d) $|z + w| \leq |z| + |w|$ **(Dreiecksungleichung)**

(e) $|z \cdot w| = |z| \cdot |w|$

(f) $z \cdot \overline{z} = |z|^2$

(g) $\max\Big\{|Re\, z|\,,\,|Im\, z|\Big\} \leq |z| \leq |Re\, z| + |Im\, z|$

(h) $\frac{1}{z} = \overline{z} \cdot \frac{1}{|z|^2}$ *für* $z \neq 0$

Satz 2.8.20 *Für* $z, w \in \mathbb{C}$ *gilt*

(a) $|e^z| = e^{Re\, z}$

(b) $e^z = e^w \implies z = w + 2\pi i \cdot k$ *für ein* $k \in \mathbb{Z}$

(c) $\Big\{e^{i\varphi}\colon \varphi \in \mathbb{R}\Big\} = \Big\{z \in \mathbb{C}\colon |z| = 1\Big\}$ **(Einheitskreislinie)**

Anwendung der Polardarstellung: n–te Wurzeln von komplexen Zahlen

Sei $a \in \mathbb{C}$, $a \neq 0$ und $n \in \mathbb{N}$ gegeben. Gesucht sind alle $z \in \mathbb{C}$ mit

$$z^n = a\,. \tag{8.15}$$

In Polardarstellung $z = |z| \cdot e^{i\varphi}$, $a = |a| \cdot e^{i\alpha}$ erhält man

$$(8.15) \iff |z|^n \cdot e^{in\varphi} = |a| \cdot e^{i(\alpha + k \cdot 2\pi)} \qquad \forall\ k \in \mathbb{Z}\,.$$

Wir müssen φ und $|z|$ bestimmen. Lösungen sind

$$|z| = |a|^{1/n}, \quad \varphi = \frac{1}{n}\,(\alpha + 2k\pi)\,,$$

also

$$z_k = |a|^{1/n} \cdot e^{\frac{1}{n}(\alpha + 2k\pi)\cdot i}, \quad k \in \mathbb{Z}\,.$$

Wegen $z_0 = z_n$ liefern bereits $k = 0, ..., n - 1$ alle Lösungen (n Stück).

Kapitel 3

Vektorräume

3.1 Vektoren und Linearkombinationen

Beispiel: (Euklidscher Raum $\mathbb{R}^3 = \mathbb{R} \times \mathbb{R} \times \mathbb{R}$)

Vektoren = „Ortsvektoren“ = Pfeile von einem Ursprung 0 zu den Punkten (Orten)

Punkte $P \in \mathbb{R}^3$ werden identifiziert mit $\vec{u} = \vec{0P}$ Vektor (Verschiebepfeil von 0 nach P).

Zur Erinnerung:

Definition 3.1.1 *Eine Menge $G \neq \emptyset$ mit innerer Verknüpfung*

$$+ : \begin{cases} G \times G & \to & G \\ (a,b) & \mapsto & a+b \end{cases}$$

heißt **kommutative Gruppe** $(G,+)$

falls für alle $a,b,c \in G$ gilt

(A1) $a + b = b + a$ **Kommutativgesetz**

(A2) $a + (b+c) = (a+b) + c$ **Assoziativgesetz**

(A3) $\exists\ 0 \in G$ *mit* $a + 0 = a \quad \forall\ a \in G$ **(Existenz des neutralen Elements)**

(A4) *Zu jedem* $a \in G \quad \exists\ b \in G$ *mit* $a + b = 0$ **(Existenz des Inversen)**
*(***Schreibweise:** $b =: -a$*)*

Im Weiteren sei $\mathbb{K}$ ein Körper (meist $\mathbb{K} = \mathbb{R}$, machmal $\mathbb{K} = \mathbb{C}$)

Definition 3.1.2 *Eine Menge $V \neq \emptyset$ heißt* **Vektorraum über $\mathbb{K}$,** *wenn eine Verknüpfung*

$$+_V : \begin{cases} V \times V & \to & V \\ (\vec{u}, \vec{v}) & \mapsto & \vec{u} +_V \vec{v} \end{cases}$$

(genannt **Vektoraddition***)*

und eine Abbildung

$$\bullet_s : \begin{cases} \mathbb{K} \times V & \to & V \\ (\alpha, \vec{u}) & \mapsto & \alpha \bullet_s \vec{u} \end{cases}$$

(genannt **skalare Multiplikation***)*

definiert sind, welche folgende Eigenschaften haben:

(V1) $(V, +_V)$ *ist kommutative Gruppe*

Für alle $\alpha, \beta \in \mathbb{K}$, $\vec{u}, \vec{v} \in V$ *gelten*

(V2) $\alpha \bullet_s (\vec{u} +_V \vec{v}) = (\alpha \bullet_s \vec{u}) +_V (\alpha \bullet_s \vec{v})$

(V3) $(\alpha + \beta) \bullet_s \vec{u} = (\alpha \bullet_s \vec{u}) +_V (\beta \bullet_s \vec{u})$

$(\alpha \cdot \beta) \bullet_s \vec{u} = \alpha \bullet_s (\beta \bullet_s \vec{u})$

(V4) **(Normierung)** $1 \bullet_s \vec{u} = \vec{u}$ *(für* $1 \in \mathbb{K}$*)*

Elemente von V *heißen* **Vektoren**, *die von* $\mathbb{K}$ *heißen* **Skalare**. *Das neutrale Element von* $(V, +_V)$ *heißt* **Nullvektor** $\vec{0}$.

Beispiele 3.1.3 (Wichtige Vektorräume)

(a) $V = \mathbb{R}^n = \left\{ \begin{pmatrix} x_1 \\ \vdots \\ x_n \end{pmatrix} : x_j \in \mathbb{R} \text{ für } j = 1, ..., n \right\}, \quad \mathbb{K} = \mathbb{R}.$

Für $\vec{x} = \begin{pmatrix} x_1 \\ \vdots \\ x_n \end{pmatrix}$, $\vec{y} = \begin{pmatrix} x_1 \\ \vdots \\ x_n \end{pmatrix}$, $\alpha \in \mathbb{R}$ *sind erklärt*

$$\vec{x} +_V \vec{y} := \begin{pmatrix} x_1 + y_1 \\ \vdots \\ y_n + y_n \end{pmatrix}, \qquad \alpha \bullet_s \vec{x} := \begin{pmatrix} \alpha x_1 \\ \vdots \\ \alpha x_n \end{pmatrix}.$$

Nullvektor ist $\vec{0} = \begin{pmatrix} 0 \\ \vdots \\ 0 \end{pmatrix}$. *Das Inverse zu* $\vec{x}$ *ist* $(-\vec{x}) = \begin{pmatrix} -x_1 \\ \vdots \\ -x_n \end{pmatrix}$.

$e_1 = \begin{pmatrix} 1 \\ 0 \\ \vdots \\ 0 \end{pmatrix}$ *heißt erster,* $e_j = \begin{pmatrix} 0 \\ \vdots \\ 1 \\ \vdots \\ 0 \end{pmatrix}$ *j-ter* **Einheitsvektor**

(Die „1" an der j-ten Stelle).

(b) $V = \mathbb{C}^n = \mathbb{C} \times \mathbb{C} \times \cdots \times \mathbb{C}$ *über* $\mathbb{K} = \mathbb{C}$ *ist Vektorraum. Ebenso ist* $V = \mathbb{C}^n$ *Vektorraum über* $\mathbb{K} = \mathbb{R}$. *Definitionen wie in* (a).

(c) *Insbesondere ist* $V = \mathbb{K}$ *immer Vektorraum über dem Körper* $\mathbb{K}$.

Im Weiteren lassen wir das „V“ und „s“ bei „$+_V$“ und „$\bullet_s$“ wieder weg. Wegen **(V2)** und **(V3)** gibt das keine Probleme! Außerdem lassen wir später auch oft den Pfeil „$\rightharpoonup$“ weg. Also $u \in V$ statt $\vec{u} \in V$.

Geometrische Objekte (Teil 1)

Definition 3.1.4 (a) *Für $\vec{p}, \vec{v} \in \mathbb{R}^n$, $\vec{v} \neq \vec{0}$ heißt*

$$G = \{\vec{w} \in \mathbb{R}^n : \vec{w} = \vec{p} + t \cdot \vec{v} \ \text{ für ein } t \in \mathbb{R}\} . \tag{1.1}$$

Gerade *durch den Punkt P (von $\vec{p} = \vec{0P}$) mit Richtungsvektor $\vec{v}$.*

$$\vec{w} = \vec{p} + t\,\vec{v} \qquad (t \in \mathbb{R})$$

heißt **Parameterdarstellung** *von G.*

(b) *Die* **Strecke** *von P nach Q hat die Form*

$$\overline{PQ} = \left\{ \vec{w} \in \mathbb{R}^n : \vec{w} = \vec{p} + t \cdot (\vec{q} - \vec{p}), \ \text{ für ein } t \in [0,1] \right\} , \tag{1.2}$$

wobei $\vec{p} = \vec{0P}$ und $\vec{q} = \vec{0Q} \in \mathbb{R}^n$.

Definition 3.1.5 *Sei V ein Vektorraum über $\mathbb{K} = \mathbb{R}$ oder $\mathbb{C}$. Eine Teilmenge $U \neq \emptyset$ von V heißt* **Teilraum** *(oder* **linearer Unterraum***) von V, wenn gilt:*

(U1) $\vec{0} \in U$

(U2) $\vec{a}, \vec{b} \in U \implies \vec{a} + \vec{b} \in U$

(U3) $\vec{a} \in U \implies \alpha \cdot \vec{a} \in U \quad \forall\, \alpha \in \mathbb{K}$

Beispiel 3.1.6 (a) $V = \mathbb{R}^3, U = \left\{ \begin{pmatrix} \alpha \\ \alpha + \beta \\ \beta \end{pmatrix} : \alpha, \beta \in \mathbb{R} \right\}$ *ist Unterraum von V.*

(b) $V = \mathbb{C}$ *über* $\mathbb{K} = \mathbb{R}$. $U = \{z : |z| = 1\}$ *ist kein Unterraum von V.*

Definition 3.1.7 *Seien $\vec{a}_1, ..., \vec{a}_n \in V$. Dann heißt*

$$\vec{a} = \alpha_1 \cdot \vec{a}_1 + \ldots + \alpha_n \cdot \vec{a}_n = \sum_{i=1}^{n} \alpha_i \cdot \vec{a}_i \in V$$

mit $\alpha_1, ..., \alpha_n \in \mathbb{R}$ eine **Linearkombination** *der Vektoren $\vec{a}_1, ..., \vec{a}_n$. Die Menge aller Linearkombinationen von $\vec{a}_1, ..., \vec{a}_n$*

$$\mathit{span}\,\{\vec{a}_1, ..., \vec{a}_n\} := \left\{ \vec{a} \;\middle|\; \exists\ \alpha_1, ..., \alpha_n \ \text{ mit } \vec{a} = \sum_{i=1}^{n} \alpha_i \cdot \vec{a}_i \right\} \subset V$$

heißt **lineare Hülle** *oder* **Aufspann** *von* $\vec{a}_1, ..., \vec{a}_n$. *Die Vektoren* $\vec{a}_1, ..., \vec{a}_n$ *heißen* **Erzeugendensystem** *für* $span\{\vec{a}_1, ..., \vec{a}_n\}$.

Beispiel: $V = \mathbb{R}^3$, $\vec{a}_1 := \vec{e}_1 + \vec{e}_2$, $\vec{a}_2 := \vec{e}_2 + \vec{e}_3$

$$span\{\vec{a}_1, \vec{a}_2\} = \left\{\alpha\, \vec{e}_1 + (\alpha + \beta)\, \vec{e}_2 + \beta\, \vec{e}_3 \colon\ \alpha, \beta \in \mathbb{R}\right\} = U$$

mit U von Beispiel 3.1.6 (a).

Wichtiger Begriff der Linearen Algebra:

Definition 3.1.8 (lineare Abhängigkeit)
Sei V *Vektorraum über dem Körper* $\mathbb{K}$. *Die Vektoren* $\vec{a}_1, ..., \vec{a}_n \in V$ *heißen* **linear abhängig**, *falls* $\exists\ (\alpha_1, ..., \alpha_n) \in \mathbb{K}^n \setminus \{(0, ..., 0)\}$ *mit*

$$\alpha_1 \cdot \vec{a}_1 + \alpha_2 \cdot \vec{a}_2 + \ldots + \alpha_n \cdot \vec{a}_n = \vec{0}\ . \tag{1.3}$$

Ist dies nicht der Fall, so heißen $\vec{a}_1, ..., \vec{a}_n \in V$ **linear unabhängig.**

Beispiel: $\vec{0}$, $\vec{a} \in V$ sind **immer** linear abhängig.

Bemerkung 3.1.9 *Falls in (1.3) z.B.* $\alpha_j \neq 0$, *dann ist* $\vec{a}_j$ *Linearkombination von* $\vec{a}_1, ..., \vec{a}_{j-1}, \vec{a}_{j+1}, ..., \vec{a}_n$:

$$\vec{a}_j = -\sum_{i=1, i \neq j}^{n} \left(\frac{\alpha_i}{\alpha_j}\right) \cdot \vec{a}_i \tag{1.4}$$

Lemma 3.1.10 (Charakterisierung von linearer Unabhängigkeit)
Die Vektoren $\vec{a}_1, ..., \vec{a}_n \in V$ *sind genau dann linear unabhängig, wenn gilt*

$$\alpha_1 \cdot \vec{a}_1 + \ldots + \alpha_n \cdot \vec{a}_n = \vec{0} \implies \alpha_1 = \alpha_2 = \ldots = \alpha_n = 0\ . \tag{1.5}$$

Etwas anschaulicher ist

Lemma 3.1.11 *Sei* V *Vektorraum über* $\mathbb{K}$.

(i) $\vec{v}$ *ist linear unabhängig genau dann, wenn* $\vec{v} \neq \vec{0}$.

(ii) $\vec{v}_1$ *und* $\vec{v}_2$ *sind linear unabhängig genau dann, wenn sie nicht in die gleiche Richtung zeigen (d.h.* $\vec{v}_1 \neq \lambda \cdot \vec{v}_2$ *und* $\vec{v}_2 \neq \mu \cdot \vec{v}_1$ *für alle* $\lambda, \mu \in \mathbb{K}$*).*

(iii) $\vec{v}_1, \vec{v}_2, ..., \vec{v}_n \in V$ *sind linear unabhängig genau dann, wenn keiner der Vektoren* $\vec{v}_i$ *Linearkombination der übrigen ist.*

Geometrische Objekte (Teil 2)

Definition 3.1.12 (Ebenen)
Sind $\vec{u}, \vec{v} \in V = \mathbb{R}^n$ *linear unabhängig und* $\vec{p} \in \mathbb{R}^n$, *so heißt*

$$E = \{\vec{w} \in \mathbb{R}^n : \vec{w} = \vec{p} + s \cdot \vec{u} + t \cdot \vec{v} \quad \text{mit } s, t \in \mathbb{R}\} \tag{1.6}$$

die von $\vec{u}$ *und* $\vec{v}$ *aufgespannte* **Ebene** *durch den Punkt* P *(von* $\vec{p} = \vec{0P}$*).*

$$\vec{w} = \vec{p} + s\,\vec{u} + t\,\vec{v} \qquad (s, t \in \mathbb{R})$$

heißt **Parameterdarstellung** *von* E.

3.2 Euklidsche Geometrie

Sei hier immer $V = \mathbb{R}^n = \left\{ \vec{x} = \begin{pmatrix} x_1 \\ \vdots \\ x_n \end{pmatrix} : x_j \in \mathbb{R} \right\}$.

Wir wollen zusätzlich Längen und Winkel messen.

Definition 3.2.1 (Skalarprodukt, Norm)

(a) *Für* $\vec{x}, \vec{y} \in \mathbb{R}^n$ *sei*

$$<\vec{x}, \vec{y}> := x_1 y_1 + \ldots + x_n y_n = \sum_{i=1}^{n} x_i y_i \tag{2.1}$$

das **Skalarprodukt** *von* $\vec{x}$ *und* $\vec{y}$.

(b) $\vec{x}$ *und* $\vec{y}$ *heißen zueinander* **orthogonale Vektoren**, *falls* $<\vec{x}, \vec{y}> = 0$.
Schreibweise: $\vec{x} \perp \vec{y}$; *man sagt auch* $\vec{x}$ *und* $\vec{y}$ *stehen senkrecht.*

(c) *Die Abbildung* $\|\cdot\| : \mathbb{R}^n \to \mathbb{R}_0^+$

$$\vec{x} \mapsto \sqrt{<\vec{x}, \vec{x}>} = \sqrt{x_1^2 + \ldots + x_n^2} \tag{2.2}$$

heißt **Euklidsche**[1] **Norm** *auf* $\mathbb{R}^n$ *(*$\|\vec{x}\|$ *heißt* **Norm** *oder* **Länge** *von* $\vec{x}$*).*

(d) *Die Zahl*

$$d(\vec{x}, \vec{y}) := \|\vec{x} - \vec{y}\| = \sqrt{\sum_{i=1}^{n} (x_i - y_i)^2} \tag{2.3}$$

heißt **Abstand** *zwischen* $\vec{x}$ *und* $\vec{y}$.

---

[1] **Euklid von Alexandria (ca. 360 v. Chr. bis 280 v. Chr.)**

Satz 3.2.2 (Eigenschaften)
$\forall\ \alpha, \beta \in \mathbb{R}$ und $\forall\ \vec{x}, \vec{y}, \vec{z} \in \mathbb{R}^n$ gilt:

(S) *Skalarprodukt:*

- $<\alpha \vec{x} + \beta \vec{y}, \vec{z}> = \alpha <\vec{x}, \vec{z}> + \beta <\vec{y}, \vec{z}>$ **(Linearität)**
- $<\vec{x}, \vec{y}> = <\vec{y}, \vec{x}>$ **(Symmetrie)**
- $<\vec{x}, \vec{x}> = 0 \iff \vec{x} = \vec{0}$ **(Definitheit)**
- $<\vec{x}, \vec{x}> \ > 0$ *für* $\vec{x} \neq \vec{0}$ **(Positivität)**

(N) *Norm:*

- $\| \vec{x} \| = 0 \iff \vec{x} = 0$ **(Definitheit)**
- $\|\alpha \cdot \vec{x} \| = |\alpha| \cdot \| \vec{x} \|$ **(Homogenität)**
- $\| \vec{x} + \vec{y} \| \leq \| \vec{x} \| + \| \vec{y} \|$ **(Dreiecksungleichung im $\mathbb{R}^n$)**

(W) *Weitere:*

- $| <\vec{x}, \vec{y}> | \leq \| \vec{x} \| \cdot \| \vec{y} \|$ **(Cauchy[2]– Schwarz[3] Ungleichung)**
- $d(\vec{x}, \vec{y}) \leq d(\vec{x}, \vec{z}) + d(\vec{z}, \vec{y})$ **(Dreiecksungleichung für den Abstand)**

Anwendung: Abstand Punkt zu Gerade

Gegeben: Punkt $Q \in \mathbb{R}^n$, (von $\vec{q} = \vec{0Q}$)

Gerade g: $\vec{x} = \vec{p} + t \cdot \vec{v}$ $(t \in \mathbb{R})$ mit $\vec{v} \neq \vec{0}$ und $Q \notin g$.

Gesucht: Punkt $R \in g$, der zu Q kleinsten Abstand hat. D.h. für $\vec{r} = \vec{0R}$ mit der Darstellung $\vec{r} = \vec{p} + \alpha \vec{v}$ ist $\alpha \in \mathbb{R}$ gesucht.

Die Bedingung $<\vec{q} - \vec{r}, \vec{v}> = 0$ liefert

$$\alpha = \frac{<\vec{q} - \vec{p}, \vec{v}>}{\| \vec{v} \|^2}. \tag{2.4}$$

Der **Abstand** von Q zu g ist dann $\| \vec{q} - \vec{r} \|$, oder

$$dist(Q, g) = \left\| \vec{q} - \vec{p} + \frac{<\vec{p} - \vec{q}, \vec{v}>}{\| \vec{v} \|^2} \vec{v} \right\|.$$

[2]Augustin L. Cauchy (1789 – 1857), französischer Mathematiker
[3]Hermann A. Schwarz (1843 – 1921), deutscher Mathematiker

Falls $\vec{p} = 0$, dann heißt

$$\vec{r} = \alpha \cdot \vec{v} = \frac{<\vec{q}\,,\,\vec{v}>}{\|\,\vec{v}\,\|^2} \cdot \vec{v} =: Proj_{\vec{v}}(\vec{q}) \tag{2.5}$$

Orthogonalprojektion von $\vec{q}$ auf $span\{\vec{v}\}$ (beachte $(\vec{q} - \vec{r}) \perp \vec{v}$).

Lemma 3.2.3 *Im $\mathbb{R}^2$ gilt für $\vec{u}\,,\,\vec{v} \in \mathbb{R}^2 \setminus \{\vec{0}\}$*

$$\cos(\alpha) = \frac{u_1 v_1 + u_2 v_2}{\|\,\vec{u}\,\| \cdot \|\,\vec{v}\,\|},$$

*wobei $\alpha = \arg(z_v) - \arg(z_u) \in (-2\pi, 2\pi)$ der orientierte Winkel (**Drehwinkel**) zwischen $\vec{u}$ und $\vec{v}$ ist. Hierbei wird $\vec{u} = \begin{pmatrix} u_1 \\ u_2 \end{pmatrix} \in \mathbb{R}^2$ mit $z_u = u_1 + iu_2 \in \mathbb{C}$ identifiziert.*

Allgemein im $\mathbb{R}^n$:

Definition 3.2.4 *Für $\vec{x}\,,\,\vec{y} \in \mathbb{R}^n \setminus \{\vec{0}\}$ ist durch*

$$\cos(\phi) = \frac{<\vec{x}\,,\,\vec{y}>}{\|\,\vec{x}\,\| \cdot \|\,\vec{y}\,\|}, \quad 0 \le \phi \le \pi \tag{2.6}$$

der **nichtorientierte Winkel** *zwischen den Vektoren $\vec{x}$ und $\vec{y}$ erklärt.*

Bemerkung:

(a) r. S. in (2.6) ist wegen C.S.U. in $[-1, 1]$.
Da der Cosinus in $[0, \pi]$ streng monoton fallend ist, ist ϕ durch (2.6) wohldefiniert.

(b) $\vec{x} \perp \vec{y} \iff \phi = \frac{\pi}{2}$ (90° Winkel!)

(c) Nur im $\mathbb{R}^2$ sprechen wir von einem orientierten Winkel (fixiert den Drehsinn!).
Im $\mathbb{R}^n$ ist das nicht möglich!

Satz 3.2.5 *In der Cauchy-Schwarzschen Ungleichung*

$$|<\vec{x}\,,\,\vec{y}>| \le \|\,\vec{x}\,\| \cdot \|\,\vec{y}\,\| \quad \text{für } \vec{x}\,,\,\vec{y} \in \mathbb{R}^n \tag{2.7}$$

gilt Gleichheit genau dann, wenn $\vec{x}$ und $\vec{y}$ linear abhängig sind.

Satz 3.2.6 *Für $\vec{x}\,,\,\vec{y} \in \mathbb{R}^n$ gilt:*

$$\|\,\vec{x} + \vec{y}\,\|^2 + \|\,\vec{x} - \vec{y}\,\|^2 = 2\|\,\vec{x}\,\|^2 + 2\|\,\vec{y}\,\|^2 \quad \textbf{(Parallelogramm – Gleichung)} \tag{2.8}$$

$$\|\,\vec{x} + \vec{y}\,\|^2 - \|\,\vec{x} - \vec{y}\,\|^2 = 4 <\vec{x}\,,\,\vec{y}> \tag{2.9}$$

Geometrische Objekte (Teil 3)

Definition 3.2.7 (Kugeloberfläche, Kreis)

Sei $\vec{p} = \overrightarrow{0P} \in \mathbb{R}^k$ *und* $\delta > 0$. *Dann heißt*

$$K = \{\vec{u} \in \mathbb{R}^k : \| \vec{u} - \vec{p} \| = \delta\}$$

Kugeloberfläche *(***Kreis** *für* $k = 2$*) mit* **Mittelpunkt** P *und* **Radius** δ.

Analog zu Ebenen mit zwei linear unabhängigen Richtungen im $\mathbb{R}^3$ werden Hyperebenen im $\mathbb{R}^k$ von $(k-1)$ linear unabhängigen Richtungen $\vec{v}_1, ..., \vec{v}_{k-1} \in \mathbb{R}^k$ aufgespannt:

$$H = \{\vec{w} + \alpha_1 \vec{v}_1 + \ldots + \alpha_{k-1} \vec{v}_{k-1} : \alpha_1, ..., \alpha_{k-1} \in \mathbb{R}\} \subset \mathbb{R}^k$$

heißt **Parameterdarstellung** der Hyperebene mit Aufpunkt $\vec{w} \in \mathbb{R}^k$. Eleganter ist folgende Darstellung:

Definition 3.2.8 (Hyperebene im $\mathbb{R}^k$)

Die Menge

$$\begin{aligned} H = H_{\vec{w}, \vec{n}} &:= \{\vec{w} + \vec{v} : \vec{v} \in \mathbb{R}^k \wedge <\vec{v}, \vec{n}> = 0\} \\ &= \{ \vec{u} : <\vec{u} - \vec{w}, \vec{n}> = 0\} \subset \mathbb{R}^k \end{aligned}$$

heißt **Hyperebene** *mit* **Aufpunkt** $\vec{w}$ *und* **Lotrichtung** $\vec{n} \neq \vec{0}$.

Setzt man $\beta := <\vec{w}, \vec{n}> \in \mathbb{R}$, so gilt

$$H_{\vec{w}, \vec{n}} = \{\vec{u} : <\vec{u}, \vec{n}> = \beta\} =: H_{\beta, \vec{n}} . \tag{2.10}$$

Wir können o.E. $\| \vec{n} \| = 1$ und $\beta \geq 0$ annehmen:

Definition 3.2.9 (Hessesche[4] Normalform)

Ist $\vec{n} \in \mathbb{R}^k$ *mit* $\| \vec{n} \| = 1$ *und* $\beta \geq 0$, *so heißt*

$$H = \{\vec{u} : <\vec{u}, \vec{n}> = \beta\} \subset \mathbb{R}^k$$

Hessesche Normalform *der Hyperebene* H.

Bemerkung 3.2.10 *Der Abstand des Punktes* $0 \in \mathbb{R}^k$ *zu* H *ist* $dist(0, H) = \beta$.

Geometrische Aufgaben

Sei $G = \{\vec{w} + \alpha \vec{v} : \alpha \in \mathbb{R}\} \subset \mathbb{R}^k$ Gerade

und $H = \{\vec{u} \in \mathbb{R}^k : <\vec{u}, \vec{n}> = \beta\} \subset \mathbb{R}^k$ in Hesse'scher Normalform .

[4] **Ludwig O. Hesse (1811–1874), deutscher Mathematiker**

A. Schnitt von Gerade G und Hyperebene H

1. Fall: $<\vec{v}\,,\vec{n}> \neq 0$ (G nicht parallel zu H). Dann liefert

$$\alpha^* = \frac{\beta - <\vec{w}\,,\vec{n}>}{<\vec{v}\,,\vec{n}>} \tag{2.11}$$

den eindeutigen Schnittpunkt $G \cap H = \{\vec{w} + \alpha^* \vec{v}\}$.

2. Fall: $<\vec{v}\,,\vec{n}> = 0$ (G parallel zu H)

Fall 2a: $<\vec{w}\,,\vec{n}> \neq \beta$. Dann ist $G \cap H = \emptyset$

Fall 2b: $<\vec{w}\,,\vec{n}> = \beta$. Hier ist $\alpha \in \mathbb{R}$ beliebig und $G \subset H$, d.h. $G \cap H = G$.

B. Punkt P (bzw. Mengen) orthogonal in eine Hyperebene H projizieren (Lotfußpunkte bestimmen)

Gesucht: $\vec{q} \in H$ mit $\vec{p} - \vec{q} \in \{\alpha\,\vec{n}\colon\ \alpha \in \mathbb{R}\}$, wobei wieder $\vec{p} = \vec{0P}$.

Der **Lotfußpunkt** ist dann Q mit $\vec{0Q} = \vec{q} = \vec{p} + (\beta - <\vec{p}\,,\vec{n}>) \cdot \vec{n}$.
Damit ist der Abstand von P zu H gegeben als

$$dist(P,H) = \|\,\vec{p} - \vec{q}\,\| = |\beta - <\vec{p}\,,\vec{n}>|\,. \tag{2.12}$$

C. Winkel zwischen Hyperebene H und Gerade G (vgl. Abbildung 3.1)

Sei $\gamma \in \left[0, \frac{\pi}{2}\right)$ der Winkel zwischen der Gerade $G = \{\vec{w} + \alpha\,\vec{v}\colon\ \alpha \in \mathbb{R}\}$ und ihrer Projektion G' auf H (entspricht dem Winkel zwischen H und G). Dann gilt $\gamma = \frac{\pi}{2} - \delta$ mit

$$\cos(\delta) = \frac{|<\vec{n}\,,\vec{v}>|}{\|\,\vec{n}\,\| \cdot \|\,\vec{v}\,\|}\,. \tag{2.13}$$

3.3 Das Vektorprodukt im $\mathbb{R}^3$

Gesucht ist eine Abbildung

$$\begin{array}{ccc} \mathbb{R}^3 \times \mathbb{R}^3 & \to & \mathbb{R}^3 \\ (\vec{u}\,,\vec{v}) & \mapsto & \vec{w} =: \vec{u} \times \vec{v} \end{array}$$

mit unten folgenden Eigenschaften. Die Pfeile über den Vektoren, werden wir ab jetzt weglassen, soweit vom Zusammenhang her klar ist, dass es sich um Vektoren handelt.

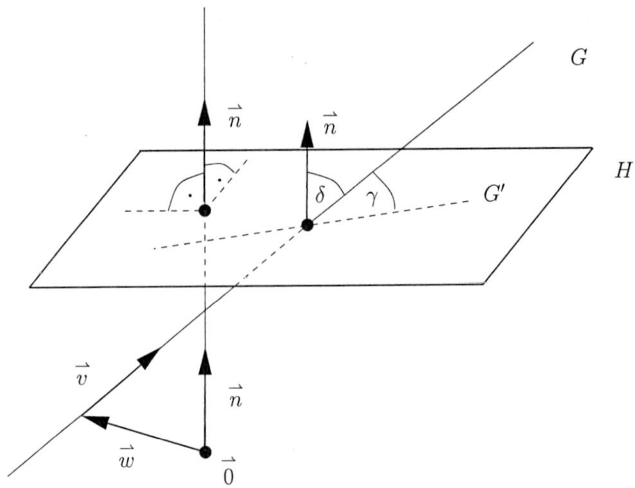

Abbildung 3.1: Winkel zwischen Hyperebene und Gerade

Für alle $\vec{u}, \vec{v}, \vec{w} \in \mathbb{R}^3$ und $\lambda \in \mathbb{R}$ soll gelten:

(E) (i) Die Abbildung ist **linear** in der 1. und 2. Komponente, d.h.

$$(\vec{u} + \vec{w}) \times \vec{v} = (\vec{u} \times \vec{v}) + (\vec{w} \times \vec{v})$$

$$(\lambda \cdot \vec{u}) \times \vec{v} = \lambda \cdot (\vec{u} \times \vec{v})$$

und analog

$$\vec{u} \times (\vec{w} + \vec{v}) = (\vec{u} \times \vec{w}) + (\vec{u} \times \vec{v})$$

$$\vec{u} \times (\lambda \cdot \vec{v}) = \lambda \cdot (\vec{u} \times \vec{v}) .$$

(ii) $\vec{u} \times \vec{v}$ steht sowohl auf $\vec{u}$, als auch auf $\vec{v}$ **senkrecht**.

(iii) $\| \vec{u} \times \vec{v} \| = \| \vec{u} \| \cdot \| \vec{v} \| \cdot \sin\alpha$ = **Fläche des** von $\vec{u}$ und $\vec{v}$ **aufgespannten Parallelogramms** (α ist der Winkel zwischen $\vec{u}$ und $\vec{v}$ gemäß Definition 3.2.4).

(iv) $(\vec{u}, \vec{v}, \vec{u} \times \vec{v})$ bilden ein **Rechtssystem (Rechte–Hand–Regel).**

Definition 3.3.1 (Vektorprodukt)

Für $\vec{u} = \begin{pmatrix} u_1 \\ u_2 \\ u_3 \end{pmatrix}$ *und* $\vec{v} = \begin{pmatrix} v_1 \\ v_2 \\ v_3 \end{pmatrix} \in \mathbb{R}^3$ *setzen wir*

$$\vec{u} \times \vec{v} := \begin{pmatrix} u_2v_3 - u_3v_2 \\ u_3v_1 - u_1v_3 \\ u_1v_2 - u_2v_1 \end{pmatrix} \in \mathbb{R}^3 \tag{3.1}$$

und nennen $\vec{u} \times \vec{v}$ *das* **Vektorprodukt** *oder* **Kreuzprodukt** *der Vektoren* $\vec{u}$ *und* $\vec{v}$.

Satz 3.3.2 $\vec{u} \times \vec{v}$ *von (3.1) erfüllt* **E (i) – (iv)**.

Anwendungen: Euklidsche Geometrie im $\mathbb{R}^3$

A. Ebene = Hyperebene

$$\text{Sei } E = \{\vec{u} = \vec{w} + \alpha_1 \vec{v}_1 + \alpha_2 \vec{v}_2 \in \mathbb{R}^3 :\ \alpha_1, \alpha_2 \in \mathbb{R}\} \quad \text{(Parameterdarstellung)}$$
$$= \{\vec{u} \in \mathbb{R}^3 :\ <\vec{u}, \vec{n}> = \beta\} \quad \text{(Hesse'sche NF).}$$

Da $\vec{n}$ senkrecht auf $\vec{v}_1$ und $\vec{v}_2$ stehen muss, folgt entweder

$$\vec{n} = + \frac{\vec{v}_1 \times \vec{v}_2}{\| \vec{v}_1 \times \vec{v}_2 \|} \quad \text{oder} \quad \vec{n} = - \frac{\vec{v}_1 \times \vec{v}_2}{\| \vec{v}_1 \times \vec{v}_2 \|} . \tag{3.2}$$

B. Gerade als Schnitt zweier Ebenen (vgl. Abbildung 3.2)

Gegeben:

$$E_j = \left\{ \vec{u} \in \mathbb{R}^3 :\ \left\langle \vec{u}, \vec{n}^{(j)} \right\rangle = \beta_j \right\}, \quad j = 1, 2 \tag{3.3}$$

seien zwei Ebenen in Hessescher Normalform.

Gesucht: Gerade $G = \{\vec{u} = \vec{w} + \alpha\, \vec{v} \in \mathbb{R}^3 :\ \alpha \in \mathbb{R}\}$ mit $G = E_1 \cap E_2$.

Nötig ist $\vec{v} \perp \vec{n}^{(1)}$ und $\vec{v} \perp \vec{n}^{(2)}$, d.h. $\vec{v} := \vec{n}^{(1)} \times \vec{n}^{(2)}$ tut's. Bleibt allerdings noch $\vec{w}$ zu bestimmen.

Lemma 3.3.3 *Für* $\vec{u}, \vec{v} \in \mathbb{R}^3$ *gilt:*

(i) $\vec{u}$ *und* $\vec{v}$ *sind linear abhängig* $\iff \vec{u} \times \vec{v} = \vec{0}$

(ii) $(\vec{u} \times \vec{v}) = -(\vec{v} \times \vec{u})$

(iii) $\| \vec{u} \times \vec{v} \|^2 + \left(\langle \vec{u}, \vec{v} \rangle \right)^2 = \| \vec{u} \|^2 \cdot \| \vec{v} \|^2$

Satz 3.3.4 *Für beliebige* $\vec{u}, \vec{v}, \vec{w} \in \mathbb{R}^3$ *gilt:*

$$\vec{u} \times (\vec{v} \times \vec{w}) = \langle \vec{u}, \vec{w} \rangle \cdot \vec{v} - \langle \vec{u}, \vec{v} \rangle \cdot \vec{w} \quad \textbf{(Graßmannscher Entwicklungssatz)} \tag{3.4}$$

$$\vec{u} \times (\vec{v} \times \vec{w}) + \vec{v} \times (\vec{w} \times \vec{u}) + \vec{w} \times (\vec{u} \times \vec{v}) = 0 \quad \textbf{(Jacobi–Identität)} \tag{3.5}$$

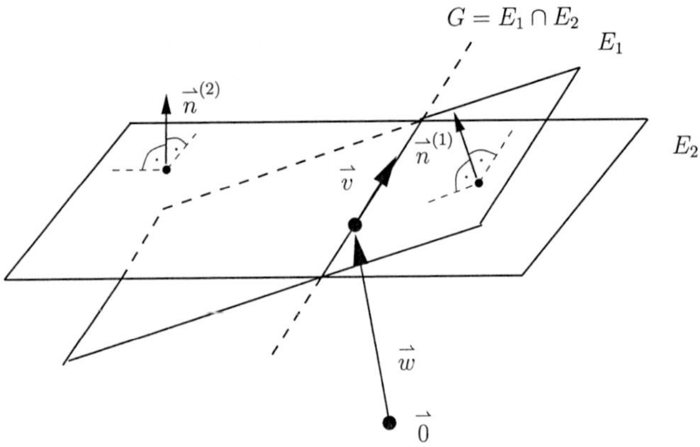

Abbildung 3.2: Schnitt zweier Ebenen

Beispiel: Berechne die Fläche des Dreiecks mit den Ecken $\vec{a}, \vec{b}, \vec{c} \in \mathbb{R}^3$.

Setze $\vec{u} := \vec{b} - \vec{a}$ und $\vec{v} := \vec{c} - \vec{a}$. Der Flächeninhalt F ist dann $= \frac{1}{2} \| \vec{u} \times \vec{v} \|$.

Definition 3.3.5 *Für $\vec{a}, \vec{b}, \vec{c} \in \mathbb{R}^3$ heißt*

$$spat\left(\vec{a}, \vec{b}, \vec{c}\right) := \left\langle \vec{a}, \vec{b} \times \vec{c} \right\rangle \in \mathbb{R}$$

das **Spatprodukt** *der drei Vektoren $\vec{a}, \vec{b}$ und $\vec{c}$.*

Satz 3.3.6 *Das Volumen des von den drei Vektoren $\vec{a}, \vec{b}, \vec{c} \in \mathbb{R}^3$ aufgespannten* **Parallelepipeds**

$$P := \left\{\alpha\, \vec{a} + \beta\, \vec{b} + \gamma\, \vec{c} \in \mathbb{R}^3 : \alpha, \beta, \gamma \in [0,1]\right\}$$

ist $Vol(P) = \left|spat\left(\vec{a}, \vec{b}, \vec{c}\right)\right|$.

Bemerkungen:

(i) $\vec{a}, \vec{b}, \vec{c}$ sind linear unabhängig $\iff Vol(P) \neq 0 \iff spat\left(\vec{a}, \vec{b}, \vec{c}\right) \neq 0$.

(ii) $\left(\vec{a}, \vec{b}, \vec{c}\right)$ bilden ein Rechtssystem $\iff spat\left(\vec{a}, \vec{b}, \vec{c}\right) > 0$.

3.4 Orthonormalsysteme und Basen

Ziel: Orthogonale Projektionen auf beliebige lineare Unterräume $U \subset \mathbb{R}^n$.

Definition 3.4.1 *Die Vektoren* $\vec{v}_1, ..., \vec{v}_k \in \mathbb{R}^n$ *bilden ein* **Orthonormalsystem (ONS)**, *wenn für alle* $i, j = 1, ..., k$ *gilt*

$$\left\langle \vec{v}_i, \vec{v}_j \right\rangle = \begin{cases} 1 & \text{für } i = j \\ 0 & \text{für } i \neq j \end{cases} \tag{4.1}$$

$\vec{v}_1, ..., \vec{v}_k$ *heißen auch* **orthonormal**.

Schreibweise: *Wir setzen* $\delta_{ij} := \begin{cases} 1 & \text{für } i = j \\ 0 & \text{für } i \neq j \end{cases}$ **(Kronecker–Symbol)**.

Damit schreibt sich (4.1) kürzer als $\langle \vec{v}_i, \vec{v}_j \rangle = \delta_{ij}$.

Geometrische Aufgabe: kürzester Abstand Punkt zu linearem Unterraum

Gegeben: Punkt $P \in \mathbb{R}^n$ $\left(\vec{p} = \vec{0P}\right)$ und Unterraum $U := span\left\{\vec{v}_1, ..., \vec{v}_k\right\} \subset \mathbb{R}^n$ mit $\vec{v}_1, ..., \vec{v}_k$ ONS.

Gesucht: Punkt $Q \in \mathbb{R}^n$ $\left(\vec{q} = \vec{0Q}\right)$ mit $\vec{q} \in U$ und

$$\begin{aligned} \left\|\vec{p} - \vec{q}\right\| &= \min_{\vec{w} \in U} \left\|\vec{p} - \vec{w}\right\| \\ &=: dist\,(P, U) \qquad \textbf{(Abstand von P zu U)}\,. \end{aligned}$$

D.h. es sind Zahlen $t_1^*, ..., t_k^* \in \mathbb{R}$ zu bestimmen, so dass

$$\begin{aligned} \left\|\vec{p} - \sum_{i=1}^{k} t_i^* \, \vec{v}_i\right\| &= \min_{t_1,...,t_k \in \mathbb{R}} \left\|\vec{p} - \sum_{i=1}^{k} t_i \cdot \vec{v}_i\right\| \\ &= dist\,(P, U) \end{aligned} \tag{4.2}$$

Lemma 3.4.2 *Sei* $\vec{p} \in \mathbb{R}^n$ *und* $\vec{v}_1, ..., \vec{v}_k$ *ONS im* $\mathbb{R}^n$ *sowie* $t_1, ..., t_k \in \mathbb{R}$ *beliebig. Dann gilt:*

$$\left\|\vec{p} - \sum_{i=1}^{k} t_i \, \vec{v}_i\right\|^2 = \left\|\vec{p}\right\|^2 - \sum_{i=1}^{k} \left(\langle \vec{p}, \vec{v}_i \rangle\right)^2 + \sum_{i=1}^{k} \left[t_i - \langle \vec{p}, \vec{v}_i \rangle\right]^2 \tag{4.3}$$

Mit $\vec{q} := \left(\sum_{i=1}^{k} \left\langle \vec{p}, \vec{v}_i \right\rangle \cdot \vec{v}_i\right) \in U$ $\left(d.h.\ t_i^* = \left\langle \vec{p}, \vec{v}_i \right\rangle\right)$ *ist der Punkt* Q

mit kürzestem Abstand zu P gefunden:

$$dist\,(P,U) \;=\; \left\| \vec{p} - \vec{q} \right\| \;=\; \left\| \vec{p} - \left(\sum_{i=1}^{k} \left\langle \vec{p}, \vec{v}_i \right\rangle \cdot \vec{v}_i \right) \right\| . \tag{4.4}$$

Definition 3.4.3 *Sei $\vec{p} \in \mathbb{R}^n$ beliebig , $\vec{v}_1, ..., \vec{v}_k \in \mathbb{R}^n$ ONS und $U := span\left\{\vec{v}_1, ..., \vec{v}_k\right\}$. Dann heißt*

$$Proj_U\left(\vec{p}\right) \;=\; P_U\left(\vec{p}\right) \;:=\; \left(\sum_{i=1}^{k} \left\langle \vec{p}, \vec{v}_i \right\rangle \cdot \vec{v}_i \right) \in U \tag{4.5}$$

die **orthogonale Projektion** *von $\vec{p}$ auf U (vgl. Abbildung 3.3).*

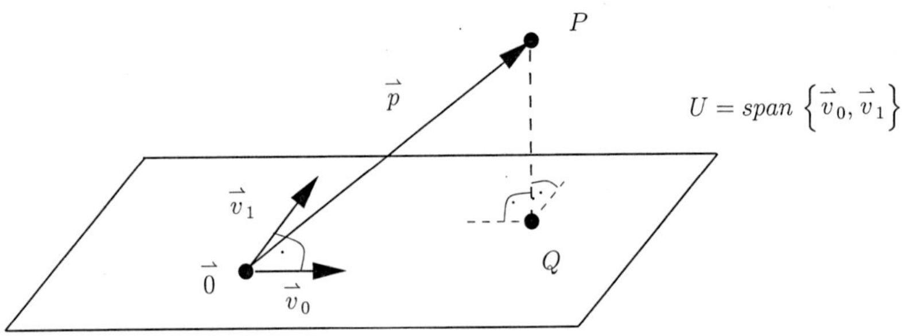

Abbildung 3.3: Orthogonale Projektion auf einen Untervektorraum

Bemerkungen:

(a) Offenbar gilt

$$\left(\vec{p} - P_U(\vec{p})\right) \perp \vec{u} \quad \text{für alle} \quad \vec{u} \in U .$$

(b) Für $\vec{p} \in \mathbb{R}^n$ fest und U wie oben gilt:

$$\left.\begin{array}{l} \| \vec{p} - \vec{q} \| , \; \vec{q} \in U , \text{ wird} \\ \text{minimal für } \vec{q}_0 \in U . \end{array}\right\} \iff \vec{q}_0 = P_U(\vec{p}) \iff \left\{ \begin{array}{r} \vec{q}_0 \in U \text{ und } \left(\vec{p} - \vec{q}_0\right) \perp \vec{v}_i , \\ \text{für } i = 1, ..., k . \end{array}\right.$$

Definition 3.4.4 *Sei $U \subset \mathbb{R}^n$ linearer Unterraum. Die Menge der Vektoren*

$$U^{\perp} \;:=\; \{\vec{w} \in \mathbb{R}^n : \vec{w} \perp \vec{u} \;\; \textit{für alle} \;\; \vec{u} \in U\} \tag{4.6}$$

heißt **Lotraum** *von U.*

Folgerung 3.4.5 *Für* $\vec{v}_1, \vec{v}_2 \in \mathbb{R}^3$ *linear unabhängig und* $U := span\{\vec{v}_1, \vec{v}_2\}$ *gilt*

$$U^\perp = span\{\vec{v}_1 \times \vec{v}_2\} \text{ und } (U^\perp)^\perp = U . \tag{4.7}$$

Basen in V

Sei jetzt wieder V beliebiger Vektorraum über dem Körper $\mathbb{K} = \mathbb{R}$ (oder $\mathbb{K} = \mathbb{C}$).

Definition 3.4.6 *Sei* $n \in \mathbb{N}$ *fest und* $\mathcal{B} = (\vec{b}_1, ..., \vec{b}_n) \in V \times \cdots \times V$, *ein geordnetes* n*–Tupel von Vektoren* $\vec{b}_j \in V$, $j = 1, ..., n$.

Dann heißt $\mathcal{B}$ eine **Basis** von V, wenn es zu jedem $\vec{a} \in V$ eindeutig bestimmte $\alpha_1, ..., \alpha_n \in \mathbb{K}$ gibt, so dass gilt

$$\vec{a} = \alpha_1 \vec{b}_1 + \cdots + \alpha_n \vec{b}_n . \tag{4.8}$$

Die Zahlen $\alpha_1, ..., \alpha_n$ heißen **Koordinaten** von $\vec{a}$ bzgl. der Basis $\mathcal{B}$. $\vec{a}_{\mathcal{B}} := (\alpha_1, ..., \alpha_n)$ heißt **Koordinatenvektor**.

Beispiel:

(i) $\mathcal{B} = (\vec{e}_1, ..., \vec{e}_n)$ ist Basis (Standardbasis) von $V = \mathbb{R}^n$ ($\mathbb{K} = \mathbb{R}$).

(ii) Analog ist $\mathcal{B} = (\vec{e}_1, ..., \vec{e}_n)$ eine Basis von $V = \mathbb{C}^n$ ($\mathbb{K} = \mathbb{C}$).

(iii) Dagegen ist $\mathcal{B} = (\vec{e}_1, ..., \vec{e}_n)$ keine Basis von $V = \mathbb{C}^n$ ($\mathbb{K} = \mathbb{R}$).

Lemma 3.4.7 (Charakterisierungssatz für Basen)
$\mathcal{B} = (\vec{b}_1, ..., \vec{b}_n)$ *ist Basis von* $V \neq \{0\}$ *genau dann, wenn*

1. $V = span\{\vec{b}_1, ..., \vec{b}_n\}$

2. $\vec{b}_1, ..., \vec{b}_n$ *sind linear unabhängig.*

Beispiel: $V = \mathcal{P}_n := \{p: \mathbb{R} \to \mathbb{R} \,|\, p$ ist Polynom mit $grad(p) \leq n\}$ hat Basis $\mathcal{B} = (p_0, p_1, ..., p_n)$, wobei $p_i(x) = x^i$, $x \in \mathbb{R}$. (die „Vektoren" $p_0, p_1, ..., p_n$ sind nach Übung **A 46 b**, linear unabhängig)

Lemma 3.4.8 *Sei* $\mathcal{B} = (\vec{b}_1, ..., \vec{b}_n)$, $n \in \mathbb{N}$, *eine Basis von* $V \neq \{0\}$. *Dann sind* m *Vektoren* $\vec{a}_1, ..., \vec{a}_m \in V$ *mit* $m > n$ *stets linear abhängig.*

Beispiel: *Im* $\mathbb{R}^n$ *sind* $n + 1$ *(oder mehr) Vektoren immer linear abhängig.*

Bemerkung: Es genügt zu zeigen, dass $m = n + 1$ Vektoren stets linear abhängig sind! Denn, wenn man mit m Vektoren bereits die Null linear kombinieren kann, dann erst recht mit noch mehr Vektoren.

Beweisidee von Lemma 3.4.8: Induktion $n \to n + 1$.

Folgerung 3.4.9 *Falls $\mathcal{B} = (\vec{b}_1, ..., \vec{b}_n)$ Basis von $V \neq \{0\}$ ist, so hat auch jede andere Basis $\tilde{\mathcal{B}}$ von V genau n Vektoren.*

Definition 3.4.10 *Ein Vektorraum V heißt* **endlich dimensional**, *falls es endlich viele Vektoren $\vec{w}_1, ..., \vec{w}_r \in V$ gibt mit*

$$V = span\{\vec{w}_1, ..., \vec{w}_r\} .$$

Ist dies nicht der Fall, so heißt V **unendlich dimensional**.

Definition 3.4.11 (Dimension)
Die in einem endlich dimensionalen Vektorraum $V \neq \{0\}$ gemeinsame Länge n aller Basen heißt die **Dimension** *von V.*

Schreibweise: $\dim V = n$, *bzw.* $\dim\{0\} := 0$.

Beispiele:

(i) $V = \mathbb{R}^n$ über $\mathbb{K} = \mathbb{R}$ ist endlich dimensional mit $\dim V = n$.

(ii) $V = \mathbb{C}^n$ über $\mathbb{K} = \mathbb{C}$ hat auch $\dim V = n$.

(iii) $V = \mathbb{C}^n$ über $\mathbb{K} = \mathbb{R}$ hat $\dim V = 2n$.

(iv) $V = \mathcal{P}_n$ hat $\dim V = n + 1$. Dagegen ist $V = \mathcal{P} = \{p : \mathbb{R} \to \mathbb{R} \,|\, p \text{ ist Polynom}\}$ unendlich dimensional, weil endlich viele Polynome $\mathcal{P}$ nicht erzeugen können.

Unklar ist bisher, ob ein Vektorraum überhaupt immer eine Basis besitzt (Wohldefiniertheit von Definition 3.4.11). Dies liefert:

Satz 3.4.12 (Satz von der Basisergänzung)
Es sei $V = span\{\vec{a}_1, ..., \vec{a}_n\}$, $n \in \mathbb{N}$, endlich dimensionaler Vektorraum und $\vec{v}_1, ..., \vec{v}_m \in V$ $(m \geq 1)$ linear unabhängig, aber keine Basis von V. Dann kann $\vec{v}_1, ..., \vec{v}_m$ durch Hinzunahme geeigneter $\vec{a}_i$, $i \in \{1, ..., n\}$ zu einer Basis von V ergänzt werden.

Folgerung 3.4.13 (Satz von der Basisauswahl)
Sei $V = span\{\vec{a}_1, ..., \vec{a}_n\} \neq \{0\}$. Dann existiert eine Basis von V, bestehend aus einer Teilmenge von $\{\vec{a}_1, ..., \vec{a}_n\}$.

Folgerung 3.4.14 *Ist V Vektorraum mit $\dim V = n$ und $\vec{v}_1, ..., \vec{v}_n$ linear unabhängig, so ist $\mathcal{B} = (\vec{v}_1, ..., \vec{v}_n)$ eine Basis von V.*

Folgerung 3.4.15 (Darstellungssatz für ONS)
Ist $\mathcal{B} = (\vec{v}_1, ..., \vec{v}_n)$ Orthonormalsystem in $V = \mathbb{R}^n$ ($\mathbb{K} = \mathbb{R}$), dann ist $\mathcal{B}$ auch Basis von V und jedes $\vec{x} \in V$ hat die **eindeutige** *Darstellung*

$$\vec{x} = \sum_{i=1}^{n} \langle \vec{x}, \vec{v}_i \rangle \cdot \vec{v}_i \ . \tag{4.9}$$

Definition 3.4.16 *Ist $\mathcal{B} \subset V$ ein Orthonormalsystem von $(V, < \cdot, \cdot >)$ und zugleich eine Basis von V, so heißt $\mathcal{B}$* **Orthonormalbasis (ONB)** *von V.*

Bemerkung 3.4.17 *(ONB) sind offenbar sehr schöne Basen, denn*

- *Darstellung (4.9) ist leicht berechenbar.*
- *Für orthogonale Projektionen wichtig (Def. 3.4.3); dort ONB vom Unterraum U nötig.*

Wie bekommen wir ONB von Unterräumen?

Orthogonalisierungsverfahren nach Gram[5] und Schmidt[6]

Aufgabe:

Gegeben: $\vec{b}_1, ..., \vec{b}_m \in \mathbb{R}^n$ **linear unabhängig**.

Gesucht: $\vec{c}_1, ..., \vec{c}_m \in \mathbb{R}^n$ **orthonormal (ONS)** , d.h.

$$\langle \vec{c}_i, \vec{c}_j \rangle = 0 \text{ für } i \neq j$$
$$\| \vec{c}_i \| = 1 \text{ für } i = 1, ..., m$$

mit $span\{\vec{b}_1, ..., \vec{b}_m\} = span\{\vec{c}_1, ..., \vec{c}_m\}$.

Satz 3.4.18 (Gram–Schmidt)
Seien $\vec{b}_1, ..., \vec{b}_m \in \mathbb{R}^n$ linear unabhängig. Mit

$$\begin{aligned} \vec{c}_1 &:= \frac{1}{\| \vec{b}_1 \|} \cdot \vec{b}_1 \neq \vec{0} \\ k = 2, ..., m: \quad \vec{d}_k &:= \vec{b}_k - \sum_{i=1}^{k-1} \langle \vec{b}_k, \vec{c}_i \rangle \ \vec{c}_i \\ \vec{c}_k &:= \frac{1}{\| \vec{d}_k \|} \cdot \vec{d}_k \end{aligned} \tag{4.10}$$

[5]Jørgen P. Gram (1850–1916), dänischer Mathematiker
[6]Erhard Schmidt (1876–1959), deutscher Mathematiker

bilden $\vec{c}_1, ..., \vec{c}_m$ *ein ONS mit* $span\{\vec{b}_1, ..., \vec{b}_m\} = span\{\vec{c}_1, ..., \vec{c}_m\}$.

Bemerkung: Da das **ONS** $\vec{c}_1, ..., \vec{c}_m$ von der Reihenfolge der $\vec{b}_1, ..., \vec{b}_m$ abhängt, ist es nicht eindeutig!

Weitere Skalarprodukte (damit Längen, Abstände, Winkel, Geometrie!)

Definition 3.4.19 (Skalarproduktraum)

Sei V Vektorraum über $\mathbb{K} = \mathbb{R}$ *oder* $\mathbb{K} = \mathbb{C}$. *Der Vektorraum V heißt* **Skalarproduktraum** *oder* **Prä–Hilbert–Raum**, *wenn eine Abbildung*

$$\begin{aligned} <\cdot,\cdot>: \quad V \times V &\to \mathbb{K} \\ (\vec{v},\vec{w}) &\mapsto <\vec{v},\vec{w}> \qquad \text{(Skalarprodukt)} \end{aligned}$$

existiert mit den folgenden Eigenschaften: $\forall\ \alpha, \beta \in \mathbb{K} \quad \forall\ \vec{u}, \vec{v}, \vec{w} \in V$ *gilt:*

(S1) $<\alpha\,\vec{u} + \beta\,\vec{v}, \vec{w}> = \alpha <\vec{u},\vec{w}> + \beta <\vec{v},\vec{w}>$ **(Linearität in der 1. Komponente)**

(S2) $\left.\begin{aligned} <\vec{u},\vec{v}> &= <\vec{v},\vec{u}> \quad \textit{falls}\ \mathbb{K} = \mathbb{R} \\ <\vec{u},\vec{v}> &= \overline{<\vec{v},\vec{u}>} \quad \textit{falls}\ \mathbb{K} = \mathbb{C} \end{aligned}\right\}$ **(symmetrisch)** / **(hermitesch)**

(S3) $\underbrace{<\vec{u},\vec{u}>}_{\in\mathbb{R}} > 0$ *für* $\vec{u} \neq \vec{0}$ **(Positivität)**

Bemerkung: Aus **(S1)** und **(S2)** folgt für $\mathbb{K} = \mathbb{C}$, dass

$$<\vec{w}, \alpha\,\vec{u} + \beta\,\vec{v}> = \overline{\alpha} <\vec{w},\vec{u}> + \overline{\beta} <\vec{w},\vec{v}>.$$

Satz 3.4.20 *In jedem Skalarproduktraum* $(V, <\cdot,\cdot>)$ *wird durch*

$$\begin{aligned} \|\cdot\| \ : \ V &\to \mathbb{R} \\ \vec{v} &\mapsto \sqrt{<\vec{v},\vec{v}>} \end{aligned}$$

eine **Norm** *definiert. Die Eigenschaften* **(N)** *und* **(W)** *von Satz 3.2.2 gelten entsprechend.*

Beispiele: Betrachte $V = \mathcal{P} = \{p: \mathbb{R} \to \mathbb{R} \mid p \text{ ist Polynom}\}$ über $\mathbb{K} = \mathbb{R}$.

Für $p, q \in \mathcal{P}$ setze $<p,q> :=$ „$\int_{-1}^{1} p(x)\,q(x)\,dx$“, wobei $\int_{-1}^{1} x^i\,dx = \frac{1}{i+1}\left(1 - (-1)^{i+1}\right)$ für $i \in \mathbb{N}_0$.

Definition 3.4.21 (Skalarprodukt für $V = \mathcal{P}$ über $\mathbb{K} = \mathbb{R}$)
Seien $p(x) = \sum_{i=0}^{n} \alpha_i x^i$ und $q(x) = \sum_{j=0}^{m} \beta_j x^j$ Polynome aus $V = \mathcal{P}$. Die Abbildung

$$\begin{aligned} V \times V &\to \mathbb{R} \\ (p,q) &\mapsto \; < p,q > := \sum_{i=0}^{n} \sum_{j=0}^{m} \alpha_i \cdot \beta_j \cdot \int_{-1}^{1} x^{i+j} \, dx \end{aligned}$$

definiert ein Skalarprodukt auf V über $\mathbb{K} = \mathbb{R}$.

Definition 3.4.22 (Skalarprodukt für $V = \mathbb{C}^n$ über $\mathbb{K} = \mathbb{C}$)
Für $\vec{u}, \vec{v} \in \mathbb{C}^n$ ist mit

$$<\vec{u}, \vec{v}> := \sum_{i=1}^{n} u_i \cdot \overline{v_i}$$

ein Skalarprodukt auf V über $\mathbb{K} = \mathbb{C}$ definiert.

Bemerkungen 3.4.23 (a) *Die Formel (4.5) für orthogonale Projektionen in $(V, < \cdot, \cdot >)$ über $\mathbb{K} = \mathbb{C}$ gilt* **unverändert**. *Prüfe:*

$$\left(\vec{p} - Proj_U(\vec{p})\right) \perp \vec{u} \qquad \forall \; \vec{u} \in U$$

(b) *Auch Gram–Schmidt funktioniert mit den Formeln wie in (4.10) noch analog für Vektorräume V über $\mathbb{K} = \mathbb{C}$*

Kapitel 4

Lineare Algebra

4.1 Lineare Abbildungen

Ab jetzt verwenden wir die Pfeile für Vektoren nur noch in Ausnahmefällen.

Lineare Abbildungen sind **strukturerhaltende** Abbildungen zwischen Vektorräumen.

Definition 4.1.1 (Lineare Abbildung)
Seien V und W zwei Vektorräume über dem Körper $\mathbb{K} = \mathbb{R}$ oder $\mathbb{K} = \mathbb{C}$. Eine Abbildung $L\colon V \to W$ heißt **linear**, *wenn für alle $\alpha \in \mathbb{K}$ und $v, v_1, v_2 \in V$ gilt:*

(L1) $L(v_1 +_V v_2) = L(v_1) +_W L(v_2)$

(L2) $L(\alpha \bullet_V v) = \alpha \bullet_W L(v)$

Schreibweise: $Lin(V,W) := \{L\colon V \to W \mid L \text{ ist linear}\}$

Beispiele:

(a) Sei $b \in \mathbb{R}$ fest und $V = W = \mathbb{R}$. Dann ist

$$\begin{aligned} L : \mathbb{R} &\to \mathbb{R} \\ x &\mapsto bx \end{aligned}$$

eine lineare Abbildung.

(b) $V = W = \mathbb{R}$

$$\begin{aligned} f : \mathbb{R} &\to \mathbb{R} \\ x &\mapsto f(x) = \sin(x) \end{aligned}$$

ist nicht linear.

Beispiele:

(a) Spezielle lineare Abbildungen:

$$0_{Lin(V,W)} : \begin{cases} V \to W \\ v \mapsto \vec{0}_W \end{cases} \qquad \textbf{(Nullabbildung von V nach W)}$$

$$Id_{Lin(V,V)} : \begin{cases} V \to V \\ v \mapsto v \end{cases} \qquad \textbf{(Identität auf V)}$$

(b) **(Produkt von Matrix und Vektor)** Sei $V = W = \mathbb{R}^2$.

$$L\colon \begin{cases} \mathbb{R}^2 \to \mathbb{R}^2 \\ x = \begin{pmatrix} x_1 \\ x_2 \end{pmatrix} \mapsto L(x) = A \cdot x = \begin{pmatrix} a_{11} & a_{12} \\ a_{21} & a_{22} \end{pmatrix} \cdot \begin{pmatrix} x_1 \\ x_2 \end{pmatrix} := \begin{pmatrix} a_{11}x_1 + a_{12}x_2 \\ a_{21}x_1 + a_{22}x_2 \end{pmatrix} \end{cases}$$

ist lineare Abbildung.

Definition 4.1.2 (Matrix)
Ein $m \times n$ Schema

$$A = \begin{pmatrix} a_{11} & a_{12} & \cdots & a_{1n} \\ a_{21} & a_{22} & \cdots & a_{2n} \\ \vdots & \vdots & & \\ a_{m1} & a_{m2} & \cdots & a_{mn} \end{pmatrix} = \left(a_{ij}\right)_{\substack{i=1,\dots,m \\ j=1,\dots,n}}$$

mit festen Einträgen **(Koeffizienten)**, $a_{ij} \in \mathbb{R}$, *heißt* $\boldsymbol{m \times n}$ **Matrix**.

Notation: $A_{i\bullet} = (a_{i1} \; a_{i2} \; \cdots \; a_{in}) = (a_{ij})_{j=1,\dots,n}$ *heißt* **i–te Zeile** *von* A.

$$A_{\bullet j} = \begin{pmatrix} a_{1j} \\ \vdots \\ a_{mj} \end{pmatrix} = (a_{ij})_{i=1,\dots,m}$$ *heißt* **j–te Spalte** *von* A.

Wir schreiben $A \in \mathbb{R}^{m \times n}$, oder allgemeiner $A \in \mathbb{K}^{m \times n}$, wenn die Koeffizienten aus $\mathbb{K}$ sind.

Beispiel 4.1.3 (Produkt von Matrix und Vektor)
Sei $V = \mathbb{R}^n$, $W = \mathbb{R}^m$.

$$L\colon \begin{cases} \mathbb{R}^n & \to \quad \mathbb{R}^m \\ x & \mapsto \quad L(x) = A \cdot x := \begin{pmatrix} a_{11}x_1 & + & a_{12}x_2 & + \cdots + & a_{1n}x_n \\ a_{21}x_1 & + & a_{22}x_2 & + \cdots + & a_{2n}x_n \\ & & & \vdots & \\ a_{m1}x_1 & + & a_{m2}x_2 & + \cdots + & a_{mn}x_n \end{pmatrix} \in \mathbb{R}^m \end{cases}$$

ist eine lineare Abbildung.

Eigenschaften linearer Abbildungen

Lemma 4.1.4 *Ist* $L\colon V \to W$ *lineare Abbildung (*V, W *Vektorräume über* $\mathbb{K} = \mathbb{R}$ *oder* $\mathbb{K} = \mathbb{C}$*). Dann gilt:*

(a) $L(0) = 0$ *und* $L(v - \tilde{v}) = L(v) - L(\tilde{v})\ \forall\ v, \tilde{v} \in V$

(b) $L(\lambda_1 \cdot v_1 + \cdots + \lambda_n \cdot v_n) = \lambda_1 \cdot L(v_1) + \cdots + \lambda_n \cdot L(v_n)\ \forall\ \lambda_1, \ldots, \lambda_n \in \mathbb{K}\quad \forall\ v_1, \ldots, v_n \in V$

(c) *Ist* $v_1, \ldots, v_n$ *in* V *linear abhängig, so ist auch* $L(v_1), \ldots, L(v_n)$ *in* W *linear abhängig.*

Für lineare Unterräume wollen wir auch **Untervektorraum (UVR)** sagen. Bei linearen Abbildungen schreiben wir oft kurz Lv statt $L(v)$.

Satz 4.1.5 (Bilder und Urbilder linearer Unterräume)

(a) *Sei* $L\colon V \to W$ *linear und* $U \subset V$ *ein UVR. Dann ist das* **Bild von U**
$L(U) := \{Lu \in W\colon u \in U\} \subset W$ *ein UVR in* W.

(b) *Sei* $L\colon V \to W$ *linear und* $Z \subset W$ *ein UVR. Dann ist das* **Urbild von Z**
$L^{-1}(Z) := \{v \in V\colon Lv \in Z\} \subset V$ *ein UVR in* V.

Kurz: Bilder und Urbilder von linearen Unterräumen (*UVR*) unter linearen Abbildungen sind wieder *UVR*.

Definition 4.1.6 (Kern und Bild von linearen Abbildungen)
Sei $L\colon V \to W$ *linear. Dann heißt:*

(a) $ker(L) := L^{-1}\left(\left\{\vec{0}_W\right\}\right) = \left\{v \in V\colon Lv = \vec{0}_W\right\}$ **Kern von L**

(b) $im(L) := L(V) = \left\{Lv \in W\colon v \in V\right\} \subset W$ **Bild von L** *(„image“)*

Folge: $ker(L)$ *und* $im(L)$ *sind UVRe.*

Satz 4.1.7 *Sei $L\colon V \to W$ linear. Dann gilt:*

(a) *L ist injektiv* $\iff$ $ker(L) = \{\vec{0}_V\}$

(b) *L ist surjektiv* $\iff$ $im(L) = W$

Beispiel 4.1.8 $V = \mathbb{R}^3,\ W = \mathbb{R}^2.$ *Sei* $L\begin{pmatrix} u_1 \\ u_2 \\ u_3 \end{pmatrix} = \begin{pmatrix} u_3 \\ u_3 \end{pmatrix}.$

Dann ist $im(L) = span\left\{\begin{pmatrix} 1 \\ 1 \end{pmatrix}\right\} \subset \mathbb{R}^2$ *und* $ker(L) = \left\{\begin{pmatrix} u_1 \\ u_2 \\ 0 \end{pmatrix} : u_1, u_2 \in \mathbb{R}\right\}$

$= span\,\{e_1, e_2\} \subset \mathbb{R}^3.$

Lemma 4.1.9 *Sei $L\colon V \to W$ linear. Dann gilt:*

$$\dim\Big(im\ (L)\Big) \le \dim V$$

Satz 4.1.10 (Dimensionssatz)
Sei $L\colon V \to W$ linear. Dann gilt:

$$\dim(V) = \dim(im(L)) + \dim(ker(L))$$

Folgerung 4.1.11 *Sei $L\colon V \to W$ linear. Dann gilt:*

(a) *L ist injektiv* $\iff$ $\dim V = \dim im(L) \le \dim W$

(b) *L ist surjektiv* $\iff$ $\dim V = \dim ker(L) + \dim W$

(c) *L ist bijektiv* $\iff$ $(\dim V = \dim W \wedge ker(L) = \{\vec{0}_V\})$

Beispiel 4.1.12 (Koordinatenabbildung)
Sei V ein k–dimensionaler Vektorraum über $\mathbb{K}$ mit Basis $\mathcal{B} = (v_1, ..., v_k)$.

Die Abbildung

$$B : \begin{cases} \mathbb{K}^k & \to V \\ \begin{pmatrix} \alpha_1 \\ \vdots \\ \alpha_k \end{pmatrix} & \mapsto v = \sum_{j=1}^{k} \alpha_j v_j \end{cases}$$

heißt **Koordinatenabbildung**. Schreibt man das **Koordinaten–k–Tupel** von $v \in V$ als Spaltenvektor $v_{\mathcal{B}} = \begin{pmatrix} \alpha_1 \\ \vdots \\ \alpha_k \end{pmatrix} \in \mathbb{K}^k$, so gilt:

- $Bv_{\mathcal{B}} = v$

- $B \in Lin(\mathbb{K}^k, V)$
- B ist bijektiv, damit $B^{-1} \in Lin(V, \mathbb{K}^k)$

Die letzte Aussage gilt allgemein:

Satz 4.1.13 *Ist $L: V \to W$ bijektiv, so existiert die inverse Abbildung (Umkehrabbildung) $L^{-1}: W \to V$ und ist wieder linear, d.h. $L^{-1} \in Lin(W, V)$.*

4.2 Matrizen

Ziel ist es linearen Abbildungen $L \in Lin(V, W)$ Matrizen zuordnen.

Satz 4.2.1 *Sei $L\colon V \to W$ eine lineare Abbildung, $\mathcal{B} = (v_1, ..., v_n)$ sei Basis von V, $\mathcal{C} = (w_1, ..., w_m)$ sei Basis von W. Dann gilt:*

(i) *L ist auf ganz V bereits durch die Werte $L(v_1), ..., L(v_n) \in W$ festgelegt.*

(ii) *Zu je n Vektoren $y_1, ..., y_n \in W$ gibt es genau eine lineare Abbildung $L\colon V \to W$ mit der Eigenschaft*

$$L(v_j) = y_j \qquad \forall\ j = 1, ..., n\,. \tag{2.1}$$

Bemerkung: Die Vektoren $L(v_j) \in W$, $j = 1, ..., n$ lassen sich eindeutig bezüglich der Basis $\mathcal{C} = (w_1, ..., w_m)$ von W schreiben als

$$L(v_j) = \sum_{i=1}^{m} \ell_{ij}\, w_i\,, \quad j = 1, ..., n\,. \tag{2.2}$$

D.h. es existieren eindeutige Zahlen $\ell_{ij} \in \mathbb{K}$, so dass (2.2) gilt.

Folgerung 4.2.2 (Identifikation linearer Abbildungen mit Matrizen)
Die $n \cdot m$ Zahlen

$$\left(\ell_{ij}\right)_{\substack{i=1,\ldots,m\\ j=1,\ldots,n}}$$

aus (2.2) legen die Abbildung L fest und umgekehrt sind durch L die $n{\cdot}m$ Zahlen (ℓ_{ij}) festgelegt.

Wieder ist

$$\mathcal{L} = \left(\ell_{ij}\right)_{\substack{i=1,\ldots,m\\ j=1,\ldots,n}} = \begin{pmatrix} \ell_{11} & \ell_{12} & \cdots & \ell_{1n} \\ \ell_{21} & \ell_{22} & \cdots & \ell_{2n} \\ \vdots & \vdots & & \vdots \\ \ell_{m1} & \ell_{m2} & \cdots & \ell_{mn} \end{pmatrix} \tag{2.3}$$

eine $m \times n$ Matrix.

Beispiel 4.2.3 $V = W = \mathbb{R}^2$. *L sei* **Spiegelung** *an der Geraden* $G = \{x = t \cdot v\,,\ t \in \mathbb{R}\} \subset V$ *mit* $\|v\| = 1\,,\ v = \begin{pmatrix} v_1 \\ v_2 \end{pmatrix}$.

Darstellung von L bezüglich der **Einheitsbasis** $\{e_1\,,\,e_2\}$ *ergibt*

$$\mathcal{L} = \begin{pmatrix} 2v_1^2 - 1 & 2v_1\,v_2 \\ 2v_1\,v_2 & 2v_2^2 - 1 \end{pmatrix}.$$

Aber auch $\mathcal{B} = (v, w)$ *mit* $w = \begin{pmatrix} -v_2 \\ v_1 \end{pmatrix}$ *ist eine Basis von* $V = W = \mathbb{R}^2$. *Bezüglich dieser Basis gilt*

$$\mathcal{L} = \begin{pmatrix} 1 & 0 \\ 0 & -1 \end{pmatrix}.$$

Das heißt, $\mathcal{L}$ hängt von den gewählten **Basen** ab. Daher gilt folgende Identifikation:

	hängt von	
L	$\longleftrightarrow$	$\mathcal{L} = \mathcal{L}_L^{\mathcal{B},\mathcal{C}}$
(lineare Abbildung)	Basen	
	$\mathcal{B}, \mathcal{C}$ ab	(Matrizen)

Wir wollen die Kenntnis von $\mathcal{L}$ nutzen, um Bilder von L zu berechnen. Seien V und W Vektorräume mit $\dim V = n$ und Basis $\mathcal{B} = (v_1, ..., v_n)$ bzw. $\dim W = m$ und Basis $\mathcal{C} = (w_1, ..., w_m)$. Dies ergibt folgende **Koordinatenabbildungen**

$$B\colon \begin{cases} \mathbb{K}^n \to V \\ x_{\mathcal{B}} = \begin{pmatrix} x_1 \\ \vdots \\ x_n \end{pmatrix} \mapsto x = \sum_{j=1}^{n} x_j \cdot v_j \end{cases} \quad \text{und} \quad C\colon \begin{cases} \mathbb{K}^m \to W \\ y_{\mathcal{C}} = \begin{pmatrix} y_1 \\ \vdots \\ y_m \end{pmatrix} \mapsto y = \sum_{i=1}^{m} y_i \cdot w_i \end{cases}.$$

Lemma 4.2.4 *Seien* $L\colon V \to W$ *eine lineare Abbildung,* $\mathcal{B} = (v_1, ..., v_n)$ *und* $\mathcal{C} = (w_1, ..., w_m)$ *Basen von V und W, sowie*

$$\mathcal{L} = \mathcal{L}_L^{\mathcal{B},\mathcal{C}} = \Big(\ell_{ij}\Big)_{\substack{i=1,\dots,m \\ j=1,\dots,n}}$$

die Matrix von L bezüglich $\mathcal{B}$ *und* $\mathcal{C}$ *(vergl. (2.3)). Dann gilt für* $x \in V$:

$$y = L(x) \in W \iff \begin{cases} y_{\mathcal{C}} = \mathcal{L} \cdot x_{\mathcal{B}} \\ \text{d.h.} \quad y_i = \sum_{j=1}^{n} \ell_{ij} \cdot x_j\,, \ \text{für } i = 1, ..., m \end{cases} \tag{2.4}$$

Die Äquivalenz (2.4) ist sehr nützlich, weil es sich in Koordinaten leichter rechnen lässt.

Operationen auf Matrizen

Summe linearer Abbildungen: $L, M\colon V \to W$ seien lineare Abbildungen. Dann ist auch

$$\begin{aligned} F := \alpha \cdot L + \beta \cdot M : \; V &\to W \\ x &\mapsto \alpha \cdot L(x) + \beta \cdot M(x) \end{aligned} \tag{2.5}$$

($\alpha, \beta \in \mathbb{K}$ fest) eine lineare Abbildung.

Lemma 4.2.5 *Werden die linearen Abbildungen $L, M\colon V \to W$ bezüglich der Basen $\mathcal{B}$ und $\mathcal{C}$ von V bzw. W durch die Matrizen $A = (a_{ij})_{\substack{i=1,\ldots,m \\ j=1,\ldots,n}}$ und $B = (b_{ij})_{\substack{i=1,\ldots,m \\ j=1,\ldots,n}}$ dargestellt, dann gehört zur linearen Abbildung F von (2.5) die Matrix $C = (c_{ij})_{\substack{i=1,\ldots,m \\ j=1,\ldots,n}}$ mit*

$$c_{ij} = \alpha \cdot a_{ij} + \beta \cdot b_{ij} \,. \tag{2.6}$$

Bemerkung: (2.6) macht den Raum der $m \times n$ Matrizen

$$\mathbb{R}^{m \times n} := \left\{ A = (a_{ij})_{\substack{i=1,\ldots,m \\ j=1,\ldots,n}} \;\middle|\; a_{ij} \in \mathbb{R} \right\}$$

zum Vektorraum über $\mathbb{R}$.

Addition: $A + B := (a_{ij} + b_{ij})_{\substack{i=1,\ldots,m \\ j=1,\ldots,n}}$

Skalare Multiplikation: $\alpha \cdot A := (\alpha \cdot a_{ij})_{\substack{i=1,\ldots,m \\ j=1,\ldots,n}}$ für Skalare $\alpha \in \mathbb{R}$.

Inverses Element: $(-A) = (-a_{ij})_{\substack{i=1,\ldots,m \\ j=1,\ldots,n}}$; $(-A) + 0 = 0 + (-A) = 0$

Neutrales Element: $0 = \begin{pmatrix} 0 & \cdots & 0 \\ \vdots & & \vdots \\ 0 & \cdots & 0 \end{pmatrix} \in \mathbb{R}^{m \times n}$

Basis des $\mathbb{R}^{m \times n}$: $E_{ij} := \begin{pmatrix} 0 & \cdots & \cdots & 0 & \cdots & \cdots & 0 \\ \vdots & & & \vdots & & & \vdots \\ \vdots & & & 0 & & & \vdots \\ 0 & \cdots & 0 & 1 & 0 & \cdots & 0 \\ \vdots & & & 0 & & & \vdots \\ \vdots & & & \vdots & & & \vdots \\ 0 & \cdots & \cdots & 0 & \cdots & \cdots & 0 \end{pmatrix}$

(Die 1 nur in der i–ten Zeile und j–ten Spalte)

Folgerung: $\dim(\mathbb{R}^{m\times n}) = n\cdot m$. Analog ist $\mathbb{C}^{m\times n}$ Vektorraum über $\mathbb{K} = \mathbb{C}$ mit Dimension $n\cdot m$.

Hintereinanderausführung (Komposition) von linearen Abbildungen:

Seien $L\colon V\to W$, $M\colon W\to Z$ lineare Abbildungen. Dann ist

$$\begin{aligned} F: \; V &\to Z \\ x &\mapsto (M\circ L)(x) = M(L(x)) \end{aligned}$$

eine lineare Abbildung.

Lemma 4.2.6 *Seien V, W, Z Vektorräume mit* $\dim V = n$, $\dim W = m$, $\dim Z = \ell$ *und Basen*

$$\mathcal{B} = (v_1,...,v_n)\,,\quad \mathcal{C} = (w_1,...,w_m)\,,\quad \mathcal{D} = (z_1,...,z_\ell)\,.$$

$L\colon V\to W$ und $M\colon W\to Z$ seien lineare Abbildungen mit darstellenden Matrizen

$$\mathcal{L}_L^{\mathcal{B},\mathcal{C}} = \mathcal{L} = \Big(a_{ij}\Big)_{\substack{i=1,...,m\\ j=1,...,n}} \in \mathbb{K}^{m\times n} \quad \textit{und} \quad \mathcal{L}_M^{\mathcal{C},\mathcal{D}} = \mathcal{M} = \Big(b_{ki}\Big)_{\substack{k=1,...,\ell\\ i=1,...,m}} \in \mathbb{K}^{\ell\times m}\,.$$

Dann lässt sich

$$F = M\circ L\colon V \to Z \textit{ durch } \mathcal{L}_F^{\mathcal{B},\mathcal{D}} = \mathcal{F} = \Big(c_{kj}\Big)_{\substack{k=1,...,\ell\\ j=1,...,n}} \in \mathbb{K}^{\ell\times n}$$

darstellen und es gilt:

$$c_{kj} = \sum_{i=1}^{m} b_{ki}\cdot a_{ij} \qquad \forall\; k = 1,...,\ell \quad \forall\; j = 1,...,n \tag{2.7}$$

Bemerkung: (2.7) definiert ein Produkt zwischen Matrizen

$$\begin{aligned} \bullet: \; \mathbb{K}^{\ell\times m}\times\mathbb{K}^{m\times n} &\to \mathbb{K}^{\ell\times n} \\ (\mathcal{M},\mathcal{L}) &\mapsto \mathcal{M}\cdot\mathcal{L} := \mathcal{F}\,. \end{aligned}$$

Folgerung 4.2.7 *Für Matrizen C, D und E gilt:*

(i) $C\cdot(D\cdot E) = (C\cdot D)\cdot E$ **(assoziativ)**

(ii) $C\cdot(D+E) = C\cdot D + C\cdot E$

(iii) $(C+D)\cdot E = C\cdot E + D\cdot E$,

(ii), (iii): **(distributiv)**

sofern die Summen und Produkte in (i) – (iii) *erklärt sind.*

Bemerkung: $(\mathbb{R}^{n\times n}, +, \bullet)$ erfüllt alle Axiome aus Definition 1.2.3, außer **(M1)** und **(M4)**. Wir sprechen von einem nichtkommutativen **Ring mit Einselement**. Wegen der zusätzlichen Vektorraumstruktur heißt $\mathbb{R}^{n\times n}$ auch **Algebra**. Selbiges gilt für $\mathbb{C}^{n\times n}$.

Einselement in $\mathbb{K}^{n\times n}$ (Einser nur auf der Diagonalen):

$$E_n = \begin{pmatrix} 1 & 0 & \cdots & \cdots & 0 \\ 0 & 1 & \ddots & & \vdots \\ \vdots & & \ddots & \ddots & \vdots \\ 0 & & & 1 & 0 \\ 0 & \cdots & \cdots & 0 & 1 \end{pmatrix} \in \mathbb{K}^{n\times n}; \quad A \cdot E_n = E_n \cdot A = A \text{ für alle } A \in \mathbb{K}^{n\times n}.$$

4.3 Lineare Gleichungssysteme

Sei im Folgenden $\mathbb{K} = \mathbb{R}$ oder $\mathbb{K} = \mathbb{C}$.

Definition 4.3.1 *Sei* $A = (a_{ij})_{\substack{i=1,\dots,m \\ j=1,\dots,n}} \in \mathbb{K}^{m\times n}$ *und* $b = \begin{pmatrix} b_1 \\ \vdots \\ b_m \end{pmatrix} \in \mathbb{K}^m$ *gegeben.*

Dann heißt

$$A \cdot \begin{pmatrix} x_1 \\ \vdots \\ x_n \end{pmatrix} = b \iff \left\{ \begin{array}{ccccccc} a_{11}x_1 & + & a_{12}x_2 & +\cdots+ & a_{1n}x_n & = & b_1 \\ a_{21}x_1 & + & a_{22}x_2 & +\cdots+ & a_{2n}x_n & = & b_2 \\ \vdots & & \vdots & & \vdots & & \\ a_{m1}x_1 & + & a_{m2}x_2 & +\cdots+ & a_{mn}x_n & = & b_m \end{array} \right. \qquad (3.1)$$

ein lineares **Gleichungssystem** *mit m* **Gleichungen** *und n* **Unbekannten** $x_1, \dots, x_n \in \mathbb{K}$. *Die Zahlen a_{ij} heißen* **Koeffizienten** *des Gleichungssystems. Ist die* **rechte Seite** $b = 0$, *so heißt (3.1)* **homogen**, *sonst* **inhomogen**. $\mathbb{L} = \mathbb{L}(A, b) := \{x \in \mathbb{K}^n : A \cdot x = b\}$ *heißt* **Lösungsmenge** *von (3.1).*

Setzt man

$$\begin{aligned} L_A : \mathbb{K}^n &\to \mathbb{K}^m \\ x &\mapsto L_A(x) := Ax, \end{aligned}$$

ist $L_A \in Lin(\mathbb{K}^n, \mathbb{K}^m)$, wobei $\mathbb{K}^n$ und $\mathbb{K}^m$ als Vektorräume über $\mathbb{K}$ zu verstehen sind. Offenbar gilt:

$$x \in \mathbb{K}^n \text{ löst } Ax = b \iff x \in \mathbb{K}^n \text{ löst } L_A(x) = b$$

Definition 4.3.2 *Zu* $A \in \mathbb{K}^{m\times n}$ *sei*

(i) $im(A) := im(L_A) = \{y \in \mathbb{K}^m : \exists\, x \in \mathbb{K}^n \text{ mit } Ax = y\} \subset \mathbb{K}^m$ **(Bild von A)**.

(ii) $ker(A) := ker(L_A) = \{x \in \mathbb{K}^n : Ax = \vec{0}_{\mathbb{K}^m}\} \subset \mathbb{K}^n$ **(Kern von A)**.

(iii) *Für* $L \in Lin(V,W)$ *heißt* $rg(L) := \dim(im(L))$ **(Rang von L).**

(iv) $rg(A) := rg(L_A) = \dim(im(A))$ *heißt* **(Rang von A).**

Bemerkungen 4.3.3 (i) *$im(A)$ und $ker(A)$ sind UVR von $\mathbb{K}^m$ bzw. $\mathbb{K}^n$.*

(ii) $\mathbb{L}(A,b) \neq \emptyset \iff Ax = b$ *ist lösbar* $\iff b \in im(A)$.

(iii) *Es gilt $rg(A) = rg(\tilde{A})$ für alle Matrizen $A, \tilde{A} \in \mathbb{K}^{m\times n}$, welche die gleiche lineare Abbildung $L \in Lin(V,W)$ beschreiben (im Sinne von Folgerung 4.2.2).*

(iv) *$ker(A) \subset \mathbb{K}^n$ sind gerade die Lösungen von $Ax = 0$, d.h. $\mathbb{L}(A,0) = ker(A)$ (**homogenes Gleichungssystem**).*

(v) **(Lösungsstruktur)**
*Sei $x_{part} \in \mathbb{K}^n$ eine spezielle (**Partikulär-**) Lösung von $Ax = b$. Dann gilt:*

$$\mathbb{L}(A,b) = x_{part} + ker(A) = \left\{x_{part} + x : x \in ker(A)\right\} \qquad (3.2)$$

Folgerung 4.3.4 *Sei $Ax = b$ lineares Gleichungssystem mit m Gleichungen und n Unbekannten. Dann gilt:*

(i) **(Existenz)**
Wenn $rg(A) = m$ ist, so existiert zu **jedem** $b \in \mathbb{K}^m$ **mindestens** *eine Lösung $x \in \mathbb{K}^n$.*

(ii) **(Eindeutigkeit)**
Wenn $rg(A) = n$ ist, so gibt es zu **jedem** $b \in \mathbb{K}^m$ **höchstens** *eine Lösung $x \in \mathbb{K}^n$.*

Bemerkung: (i) lässt verschärfen! Es gilt (vgl. Folgerung 4.3.9):

$$A \cdot x = b \text{ ist lösbar} \iff rg(A) = rg(A\,|\,b) \text{ (Lösbarkeitstest)} \qquad (3.3)$$

Gauß[1]–Algorithmus

Idee: Eliminiere sukzessive die Unbekannten $x_1, ..., x_\ell$ aus den letzten $m - \ell$ Gleichungen. Subtrahiere dazu geeignete Vielfache der ersten ℓ Gleichungen.

Beispiel 4.3.5 *$Ax = b$ mit*

$$A = \begin{pmatrix} 1 & 0 & i \\ 1 & 2 & -i \\ 0 & 1 & 1 \end{pmatrix} \in \mathbb{C}^{3\times 3} \qquad b = \begin{pmatrix} 1+i \\ 5+i \\ 3-i \end{pmatrix} \in \mathbb{C}^3$$

und $x = \begin{pmatrix} x_1 \\ x_2 \\ x_3 \end{pmatrix} \in \mathbb{C}^3$ *gesucht.*

[1]Johann Carl Friedrich Gauß (1777–1855), deutscher Mathematiker

(a) **Vorwärtselimination**

$$\begin{array}{rcrcrcl} x_1 & + & 0\,x_2 & + & i\,x_3 & = & 1+i \\ x_1 & + & 2x_2 & - & i\,x_3 & = & 5+i \qquad (-1\cdot \textit{1. Gleichung}) \\ 0\,x_1 & + & x_2 & + & x_3 & = & 3-i \qquad (-0\cdot \textit{1. Gleichung}) \end{array}$$

$$\begin{array}{rcrcrcl} x_1 & + & 0\,x_2 & + & i\,x_3 & = & 1+i \\ 0\,x_1 & + & 2x_2 & - & 2i\,x_3 & = & 4 \\ 0\,x_1 & + & x_2 & + & x_3 & = & 3-i \qquad (-\tfrac{1}{2}\cdot \textit{2. Gleichung}) \end{array}$$

d.h.

$$Ax = b \iff \begin{array}{rcrcrcl} x_1 & + & 0\,x_2 & + & i\,x_3 & = & 1+i \\ & & 2\,x_2 & - & 2i\,x_3 & = & 4 \\ & & & & (1+i)x_3 & = & 1-i \end{array} \qquad \textbf{(Zeilenstufenform)}$$

(b) **Rückwärtseinsetzen** *liefert Lösung* $\mathbb{L} = \left\{ \begin{pmatrix} i \\ 3 \\ -i \end{pmatrix} \right\}$

Beobachtung: Unnützes Schreiben von „+“ , „x_j“ und „=“. Deshalb **Gauß–Tableau**

$$(A\,|\,b) = \left(\begin{array}{ccc|c} 1 & 0 & i & 1+i \\ 1 & 2 & -i & 5+i \\ 0 & 1 & 1 & 3-i \end{array}\right) \iff \left(\tilde{A}\,|\,\tilde{b}\right) = \left(\begin{array}{ccc|c} 1 & 0 & i & 1+i \\ 0 & 2 & -2i & 4 \\ 0 & 0 & 1+i & 1-i \end{array}\right)$$

Bemerkung 4.3.6 (i) *Ziel der* **Vorwärtselimination** *ist* $\tilde{A}$ *in* **Zeilenstufenform**

$$\tilde{A} = \begin{pmatrix} \square & * & * & \cdots & \cdots & \cdots & \cdots & * \\ 0 & \square & * & \cdots & \cdots & \cdots & \cdots & * \\ \vdots & 0 & 0 & \square & * & \cdots & \cdots & * \\ \vdots & \vdots & \vdots & 0 & 0\cdots 0 & \square & * \cdots & * \\ \vdots & \vdots & \vdots & \vdots & \vdots & 0 & 0 \cdots & 0 \\ \vdots & \vdots & \vdots & \vdots & \vdots & \vdots & \vdots & \vdots \\ 0 & 0 & 0 & 0 & 0\cdots 0 & 0 & 0 \cdots & 0 \end{pmatrix}$$

▷ *$\square$-Stellen sind Zahlen $\neq 0$. $*$-Stellen ergeben sich aus der Rechnung.*

▷ *In jeder Zeile stehen links von $\square$ nur Nullen.*

(ii) *Um $\tilde{A}$ in Zeilenstufenform zu bekommen, sind erlaubt:*

(O1) *zwei Zeilen tauschen*

(O2) *eine Zeile mit einer Zahl $\alpha \neq 0$ ($\alpha \in \mathbb{K}$) multiplizieren*

(O3) *die i-te Zeile $A_{i\bullet}$ durch $\tilde{A}_{i\bullet} := A_{i\bullet} + \beta \cdot A_{j\bullet}$ ($\beta \in \mathbb{K}$ beliebig) ersetzen.*

All diese Operatoren ändern die Lösungsmenge nicht, d.h.

$$\mathbb{L}(A,b) = \mathbb{L}\left(\tilde{A},\tilde{b}\right) . \tag{3.4}$$

(iii) $\tilde{A}x = \tilde{b}$ *lässt sich durch* **Rückwärtseinsetzen** *leicht lösen.*

Definition 4.3.7 *Sei $A = (a_{ij})_{\substack{i=1,\dots,m \\ j=1,\dots,n}} \in \mathbb{K}^{m \times n}$ gegeben. Dann heißt*

(i) $$Zrg(A) := \text{maximale Anzahl linear unabhängiger Zeilenvektoren von } A = \dim\left(span\,\{A_{1\bullet}, A_{2\bullet}, \dots, A_{m\bullet}\}\right)$$

der **Zeilenrang** *von A.*

(ii) $$Srg(A) := \text{maximale Anzahl linear unabhängiger Spaltenvektoren von } A = \dim\left(span\,\{A_{\bullet 1}, A_{\bullet 2}, \dots, A_{\bullet n}\}\right)$$

der **Spaltenrang** *von A.*

Satz 4.3.8 *Für $A \in \mathbb{K}^{m \times n}$ gilt:*

$$Zrg(A) = Srg(A) = rg(A)$$

Beweisidee: Die beim Gauß–Algorithmus verwendeten Operationen (**(O1)**–**(O3)** aus Bemerkung 4.3.6(ii)) ändern den Zeilenrang nicht (obwohl A sich zu $\tilde{A}$ ändert). Daher

$$Zrg(A) = Zrg(\tilde{A}) = Srg(\tilde{A}) = Srg(A)$$

□

Folgerung 4.3.9 (Lösbarkeitstest)
Für $A \in \mathbb{K}^{m \times n}$ und $b \in \mathbb{K}^m$ gilt:

$$Ax = b \text{ ist lösbar} \iff rg(A) = rg(A\,|\,b)$$

Inverse Matrizen

$M \in \mathbb{R}^{m\times n}$ wird identifiziert mit einer linearen Abbildung $L_M \in Lin(\mathbb{R}^n, \mathbb{R}^m)$, d.h. $L_M(x) = M \cdot x$. Wann existiert die Inverse $L_M^{-1} \in Lin(\mathbb{R}^m, \mathbb{R}^n)$?

$$L_M \text{ ist bijektiv} \iff m = n \quad \text{und} \quad rg(M) = n\,. \tag{3.5}$$

Lemma 4.3.10 (Existenz der Inversen)
Sei $M \in \mathbb{R}^{n\times n}$ mit $rg(M) = n$. Dann existiert eine Matrix $A \in \mathbb{R}^{n\times n}$ mit

$$A \cdot M = M \cdot A = E_n = \begin{pmatrix} 1 & & \\ & \ddots & \\ & & 1 \end{pmatrix} \in \mathbb{R}^{n\times n} \tag{3.6}$$

Notation: *Wir setzen $M^{-1} := A \in \mathbb{R}^{n\times n}$*

Beweis: $L_M \circ (L_M)^{-1} = (L_M)^{-1} \circ L_M = Id_{Lin(\mathbb{R}^n,\mathbb{R}^n)}$. □

Berechnung der Inversen

Sei $M \in \mathbb{R}^{n\times n}$ mit $rg(M) = n$ und $b \in \mathbb{R}^n$. Mit **Gauß–Algorithmus**

$$(M\,|\,b) \iff \left(\begin{array}{cccccc|c} 1 & * & \cdots & \cdots & \cdots & * & \\ 0 & 1 & & & & \vdots & \\ 0 & 0 & 1 & & & \vdots & \\ \vdots & \vdots & & \ddots & & * & \tilde{b} \\ 0 & 0 & \cdots & 0 & 1 & * & \\ 0 & 0 & \cdots & 0 & 0 & 1 & \end{array}\right) \iff \left(\begin{array}{ccccc|c} 1 & 0 & \cdots & \cdots & 0 & \\ 0 & 1 & & & \vdots & \\ \vdots & & \ddots & & 0 & \tilde{z} \\ \vdots & & & 1 & & \\ 0 & \cdots & \cdots & 0 & 1 & \end{array}\right) = (E_n|\,\tilde{z})$$

ist zunächst **obere Dreiecksgestalt** erreichbar und schließlich die Einheitsmatrix E_n. Das heißt

$$x \in \mathbb{R}^n \text{ löst } Mx = b \iff x \in \mathbb{R}^n \text{ löst } E_n x = \tilde{z}$$

und folglich ist $\mathbb{L}(M, b) = \{\tilde{z}\}$.

Wegen $M \cdot M^{-1} = E_n = (e_1, e_2, ..., e_n) \in \mathbb{R}^{n\times n}$ gilt für die j–te Spalte $(M^{-1})_{\bullet j} =: v_j$ von M^{-1}, dass $M \cdot v_j = e_j$ (für $j = 1, ..., n$). Damit lässt sich v_j gemäß oben mit Gauß berechnen:

$$(M\,|\,e_j) \iff (E_n\,|\,v_j)$$

Statt in n Einzelschritten, lässt sich das auch in einem **simultan** machen:

$$(M\,|\,E_n) \iff (E_n\,|\,M^{-1}) \tag{3.7}$$

Beispiel: $M = \begin{pmatrix} 1 & 2 & 0 \\ 0 & 1 & 1 \\ 1 & 0 & 1 \end{pmatrix} \in \mathbb{R}^{3\times 3}$ gesucht $M^{-1} \in \mathbb{R}^{3\times 3}$.

Ansatz:

$$(M \mid E_3) \iff \left(\begin{array}{ccc|ccc} 1 & 2 & 0 & 1 & 0 & 0 \\ 0 & 1 & 1 & 0 & 1 & 0 \\ 1 & 0 & 1 & 0 & 0 & 1 \end{array}\right)$$

$$\iff \left(\begin{array}{ccc|ccc} 1 & 2 & 0 & 1 & 0 & 0 \\ 0 & 1 & 1 & 0 & 1 & 0 \\ 0 & 0 & 1 & -\frac{1}{3} & \frac{2}{3} & \frac{1}{3} \end{array}\right)$$

$$\left(\begin{array}{ccc|ccc} 1 & 0 & 0 & \frac{1}{3} & -\frac{2}{3} & \frac{2}{3} \\ 0 & 1 & 0 & \frac{1}{3} & \frac{1}{3} & -\frac{1}{3} \\ 0 & 0 & 1 & -\frac{1}{3} & \frac{2}{3} & \frac{1}{3} \end{array}\right) \iff (E_3 \mid M^{-1})$$

d.h. $M^{-1} = \frac{1}{3} \begin{pmatrix} 1 & -2 & 2 \\ 1 & 1 & -1 \\ -1 & 2 & 1 \end{pmatrix}$.

Produktzerlegung von M (LR–Zerlegung)

Zu lösen: $Mx = b$ gegeben: $M \in \mathbb{R}^{m\times n}$ $b \in \mathbb{R}^m$

gesucht: $x \in \mathbb{R}^n$

bekannt: $F \in \mathbb{R}^{m\times k}$, $G \in \mathbb{R}^{k\times n}$ mit $M = F \cdot G$, wobei F und G **„einfache" Matrizen** sein sollen.

1. Schritt: löse $F \cdot c = b$ ($c \in \mathbb{R}^k$ gesucht)

2. Schritt: löse $Gx = c$ ($x \in \mathbb{R}^n$ gesucht)

Dann gilt: $Mx = F \cdot G \cdot x = F \cdot c = b$, d.h. $x \in \mathbb{L}(M, b)$

Wie bekommt man eine Produktzerlegung?

Fällt beim Gauß–Algorithmus mit ab!

Beispiel:

LR–Zerlegung versus **Gauß–Elimination**

Gauß–Tableau:

$$(M \mid b) = \left(\begin{array}{ccc|c} -1 & 2 & -1 & 1 \\ 2 & -1 & 3 & -1 \\ -1 & -1 & -1 & 1 \end{array}\right) \begin{array}{l} \\ -(-2)\cdot 1.\text{ Gleichung} \\ -(1)\cdot 1.\text{ Gleichung} \end{array}$$

Die Vielfachen der abgezogenen Gleichungen merken wir uns an den Stellen, wo der Gauß–Algorithmus Nullen erzeugt:

LR–Zerlegung:

$$\left(\begin{array}{c|cc|c} -1 & 2 & -1 & 1 \\ \hline -2 & 3 & 1 & 1 \\ 1 & -3 & 0 & 0 \end{array}\right) \qquad \left(\begin{array}{ccc|c} -1 & 2 & -1 & 1 \\ 0 & 3 & 1 & 1 \\ 0 & -3 & 0 & 0 \end{array}\right) \begin{array}{l} \\ \\ -(-1)\cdot 2.\text{ Gleichung} \end{array}$$

$$\left(\begin{array}{cc|c|c} -1 & 2 & -1 & 1 \\ \hline -2 & 3 & 1 & 1 \\ \cline{2-2} 1 & -1 & 1 & 1 \end{array}\right) \qquad \left(\begin{array}{ccc|c} -1 & 2 & -1 & 1 \\ 0 & 3 & 1 & 1 \\ 0 & 0 & 1 & 1 \end{array}\right) =: (R \mid c)$$

Mit $L := \begin{pmatrix} 1 & 0 & 0 \\ -2 & 1 & 0 \\ 1 & -1 & 1 \end{pmatrix}$ und $R = \begin{pmatrix} -1 & 2 & -1 \\ 0 & 3 & 1 \\ 0 & 0 & 1 \end{pmatrix}$ erhält man $M = L \cdot R$.

Wegen Gauß ist $\mathbb{L}(M,b) = \mathbb{L}(R,c)$, d.h. $x \in \mathbb{R}^3$ löst $Mx = b \iff x$ löst $Rx = c$.

1. Schritt: Mit $c = \begin{pmatrix} 1 \\ 1 \\ 1 \end{pmatrix}$ ist $L \cdot c = b$ (liefert der Algorithmus schon mit).

2. Schritt: Rückwärtseinsetzen in $Rx = c$ liefert $x = \begin{pmatrix} -2 \\ 0 \\ 1 \end{pmatrix}$.

Warum funktioniert das?

Ausgangspunkt: $A = \begin{pmatrix} a_{11} & * & * \\ a_{21} & * & * \\ a_{31} & * & * \end{pmatrix} \in \mathbb{R}^{3\times 3}$

Falls: $\varrho_{11} := a_{11} \neq 0$, setze $\alpha := \dfrac{a_{21}}{\varrho_{11}}$, $\beta := \dfrac{a_{31}}{\varrho_{11}}$ und

$$L_1 := \begin{pmatrix} 1 & 0 & 0 \\ -\alpha & 1 & 0 \\ -\beta & 0 & 1 \end{pmatrix}, \quad \text{so folgt} \quad L_1 \cdot A = \begin{pmatrix} \varrho_{11} & * & * \\ 0 & b_{22} & * \\ 0 & b_{32} & * \end{pmatrix} =: A^{(1)}$$

Falls: $\varrho_{22} := b_{22} \neq 0$, setze $\gamma := \dfrac{b_{32}}{\varrho_{22}}$ und

$$L_2 := \begin{pmatrix} 1 & 0 & 0 \\ 0 & 1 & 0 \\ 0 & -\gamma & 1 \end{pmatrix}, \quad \text{so folgt} \quad L_2 \cdot A^{(1)} = \begin{pmatrix} \varrho_{11} & * & * \\ 0 & \varrho_{22} & * \\ 0 & 0 & \varrho_{33} \end{pmatrix} =: R\,.$$

Damit gilt:

$$L_2 L_1 A = R \iff A = L_1^{-1} L_2^{-1} R =: LR$$

Bemerkung: Es gilt

$$L_1^{-1} = \begin{pmatrix} 1 & 0 & 0 \\ \alpha & 1 & 0 \\ \beta & 0 & 1 \end{pmatrix}, \quad L_2^{-1} = \begin{pmatrix} 1 & 0 & 0 \\ 0 & 1 & 0 \\ 0 & \gamma & 1 \end{pmatrix}, \quad \text{und } L = L_1^{-1} L_2^{-1} = \begin{pmatrix} 1 & 0 & 0 \\ \alpha & 1 & 0 \\ \beta & \gamma & 1 \end{pmatrix}$$

Das Verfahren funktioniert mit beliebigem $A \in \mathbb{K}^{n\times n}$ genauso, falls die Diagonaleinträge $\varrho_{ii} \neq 0$ bleiben (für alle $i = 1, ..., n-1$). Das ist aber nicht garantiert! Deshalb: Nicht jedes $A \in \mathbb{K}^{n\times n}$ hat eine LR–Zerlegung!

Im Allgemeinen muss man eine Permutationsmatrix $P \in \mathbb{K}^{n\times n}$ voranstellen.

Definition 4.3.11 *$P \in \mathbb{K}^{n\times n}$ heißt* **Permutationsmatrix**, *falls in jeder Zeile und in jeder Spalte von P genau eine 1 und sonst nur Nullen sind. Eine Matrix $R \in \mathbb{K}^{n\times n}$ heißt* **obere Dreiecksmatrix**, *falls unterhalb der Diagonalen nur Nullen sind. Eine Matrix $L \in \mathbb{K}^{n\times n}$ heißt eine* **untere Dreiecksmatrix**, *sofern oberhalb der Diagonalen nur Nullen sind.*

Bemerkung: $rg(P) = n$.

Satz 4.3.12 (PLR–Zerlegung)
Für jede Matrix $A \in \mathbb{K}^{n\times n}$ existieren eine **obere Dreiecksmatrix** $R = (\varrho_{ij})_{i,j=1,...,n} \in \mathbb{K}^{n\times n}$, *eine* **untere Dreiecksmatrix** $L = (\lambda_{ij})_{i,j=1,...,n} \in \mathbb{K}^{n\times n}$ *mit Diagonaleinträgen* $\lambda_{ii} = 1$ *für* $i = 1,...,n$ *und eine* **Permutationsmatrix** $P \in \mathbb{K}^{n\times n}$, *so dass* $A = P\cdot L\cdot R$ *gilt.*

Zusatz: $\quad A$ *ist invertierbar* $\iff R$ *ist invertierbar*

$\qquad\qquad\iff \varrho_{ii} \neq 0$ *für* $i = 1,...,n$

4.4 Determinanten

Motivation: Sei $F\colon \mathbb{R}^2\times\mathbb{R}^2 \to \mathbb{R}$, $F = F(a,b) :=$ Flächeninhalt des von den Vektoren a und $b\in\mathbb{R}^2$ aufgespannten Parallelogramms.

Eigenschaften:

(i) $F(a,b) = F(a,\, a+b) = F(a+b,\, a)$

(ii) $F(\alpha\cdot a,\, b) = \alpha\cdot F(a,b) = F(a,\, \alpha\cdot b) \quad \forall\, \alpha\in\mathbb{R}_0^+$

(iii) $F(a,b) = 0 \iff a$ und b sind linear abhängig.

(iv) $F(e_1,e_2) = 1$

Analoge Eigenschaften gelten für

$$\begin{aligned} V\colon \mathbb{R}^n\times\mathbb{R}^n\times\cdots\times\mathbb{R}^n &\to \mathbb{R}\\ (a_1,...,a_n) &\mapsto V(a_1,...,a_n) := Vol(PE(a_1,...,a_n)) \end{aligned}$$

(Volumen des von $a_1,...,a_n\in\mathbb{R}^n$ aufgespannten Parallelepipeds; vgl. Satz 3.3.6)

Definition 4.4.1 (Determinante)
Für $n\in\{1,2,3\}$ *definieren wir die* **Determinantenfunktion**

$$\begin{aligned} \det = \det_n\colon\ \mathbb{K}^{n\times n} &\to \mathbb{K}\\ A &\mapsto \det A \end{aligned}$$

(i) $n = 1$: $A = (a)$. $\det A := a$

(ii) $n = 2$: $A = \begin{pmatrix} a_{11} & a_{12}\\ a_{21} & a_{22}\end{pmatrix}$. $\det A := a_{11}a_{22} - a_{12}a_{21} \qquad (4.1)$

(iii) $n = 3$: $A = \begin{pmatrix} a_{11} & a_{12} & a_{13}\\ a_{21} & a_{22} & a_{23}\\ a_{31} & a_{32} & a_{33}\end{pmatrix}$.

$$\begin{aligned}\det A := {}& a_{11}\,a_{22}\,a_{33} + a_{12}\,a_{23}\,a_{31}\\ &+ a_{13}\,a_{21}\,a_{32} - a_{31}\,a_{22}\,a_{13}\\ &- a_{32}\,a_{23}\,a_{11} - a_{33}\,a_{21}\,a_{12}\end{aligned} \qquad (4.2)$$

(Regel von **Sarrus***)*

Bemerkung:

(i) $F = F(a,b) = |\det A|$ mit $A = (a,b) \in \mathbb{R}^{2\times 2}$

(ii) $Vol(PE(a,b,c)) = |\det A|$ mit $A = (a,b,c) \in \mathbb{R}^{3\times 3}$

Definition 4.4.2 (Determinante; rekursiv)

Sei $A \in \mathbb{K}^{n\times n}$, $n \geq 2$. $B_{km} \in \mathbb{K}^{(n-1)\times(n-1)}$ sei die Teilmatrix von A, welche durch Streichen der k–ten Zeile und j–ten Spalte entsteht. Um zu betonen, dass B_{kj} von A abhängt, schreiben wir manchmal auch A'_{kj} statt B_{kj}.

Wir definieren die **Determinantenfunktion** $\det : \mathbb{K}^{n\times n} \to \mathbb{K}$ *rekursiv (Entwicklung nach der ersten Spalte):*

$$\det A := a_{11} \cdot \det B_{11} - a_{21} \det B_{21} + - \cdots + (-1)^{n+1} a_{n1} \det B_{n1} . \tag{4.3}$$

Satz 4.4.3 (Laplacescher[2] Entwicklungssatz)

Für $A \in \mathbb{K}^{n\times n}$ gilt:

(i) $\det A = \sum_{k=1}^{n} (-1)^{j+k} a_{kj} \cdot \det B_{kj}$ **(Entwicklung nach der j–ten Spalte)**

(ii) $\det A = \sum_{k=1}^{n} (-1)^{i+k} a_{ik} \cdot \det B_{ik}$ **(Entwicklung nach der i–ten Zeile)**

Determinanten–Formel:

$$\det A = \sum_{\pi \in Perm(n)} signum(\pi) \cdot a_{1,\pi(1)} \cdot a_{2,\pi(2)} \cdots a_{n,\pi(n)} \tag{4.4}$$

$Perm(n) := \{\pi\colon \{1,...,n\} \to \{1,...,n\} \mid \pi \text{ ist bijektiv}\}$ (Menge der **Permutationen** von n Elementen).
$signum(\pi) := (-1)^{n_\pi}$, n_π = Anzahl der Vertauschungen um von π bis zur Identität zu kommen.

Beispiel 4.4.4 (obere Dreiecksmatrix)

$$\det \begin{pmatrix} a_{11} & * & \cdots & * \\ 0 & a_{22} & & \vdots \\ \vdots & & \ddots & * \\ 0 & \cdots & 0 & a_{nn} \end{pmatrix} = a_{11} \cdot \det \begin{pmatrix} a_{22} & * & & * \\ 0 & \ddots & & \vdots \\ \vdots & & \ddots & * \\ 0 & \cdots & 0 & a_{nn} \end{pmatrix} = a_{11} \cdot a_{22} \cdots a_{nn}$$

[2]Piere Simon Laplace (1749–1827), französischer Mathematiker

Satz 4.4.5 *Sei* $A = (a_{ij}) \in \mathbb{K}^{n \times n}$
mit Zeilen $z_i := A_{i\bullet} = (a_{ij})_{j=1,...,n} = (a_{i1}, a_{i2}, ..., a_{in}) \in \mathbb{K}^n$
und Spalten $s_j := A_{\bullet j} = (a_{ij})_{i=1,...,n} = \begin{pmatrix} a_{1j} \\ a_{2j} \\ \vdots \\ a_{nj} \end{pmatrix} \in \mathbb{K}^n$.

Dann gilt:

(i) det *ist* **linear in jeder Zeile**, *d.h. für alle* $\lambda \in \mathbb{K}$ *gilt:*

$$\det \begin{pmatrix} z_1 \\ z_2 \\ \vdots \\ \lambda z_k \\ \vdots \\ z_n \end{pmatrix} = \lambda \cdot \det \begin{pmatrix} z_1 \\ z_2 \\ \vdots \\ z_k \\ \vdots \\ z_n \end{pmatrix} = \lambda \cdot \det A \tag{4.5}$$

und für beliebige Zeilen $\tilde{z} \in \mathbb{K}^n$ *gilt:*

$$\det \begin{pmatrix} z_1 \\ \vdots \\ z_k + \tilde{z} \\ \vdots \\ z_n \end{pmatrix} = \det \begin{pmatrix} z_1 \\ \vdots \\ z_k \\ \vdots \\ z_n \end{pmatrix} + \det \begin{pmatrix} z_1 \\ \vdots \\ \tilde{z} \\ \vdots \\ z_n \end{pmatrix} \tag{4.6}$$

Analog für Spalten:

$$\det(s_1, ..., \lambda s_k + \tilde{s}, ..., s_n) = \lambda \cdot \det(s_1, ..., s_k, ..., s_n) + \det(s_1, ..., \tilde{s}, ..., s_n) \tag{4.7}$$

(ii) $\det (\lambda \cdot a_{ij})_{\substack{i=1,...,n \\ j=1,...,n}} = \lambda^n \cdot \det (a_{ij})_{\substack{i=1,...,n \\ j=1,...,n}} = \lambda^n \cdot \det A$

(iii) *Sind zwei Zeilen* **oder** *zwei Spalten von A gleich, so ist* $\det A = 0$.

(iv) $\det(E_n) = 1$ **(Normierung)**

(v) *Ist eine Zeile* $z_i = 0$ **oder** *eine Spalte* $s_j = 0$, *so ist* $\det A = 0$.

(vi) *Sind* $z_1, ..., z_n$ *linear abhängig,* **oder** *sind* $s_1, ..., s_n$ *linear abhängig, so ist* $\det A = 0$.

(vii) **Addieren von anderen Zeilen:**

$$\det A \;=\; \det \begin{pmatrix} z_1 \\ \vdots \\ z_k \\ \vdots \\ z_n \end{pmatrix} \;=\; \det \begin{pmatrix} z_1 \\ \vdots \\ z_k + \lambda \cdot z_i \\ \vdots \\ z_n \end{pmatrix} \quad \textit{für beliebige } \lambda \in \mathbb{K}\,,\; i \neq k$$

(analog für Spalten)

(viii) *Spalten oder Zeilen vertauschen ändert das Vorzeichen von* $\det A$*: z.B.* $i < k$

$$\det(A) \;=\; \det \begin{pmatrix} z_1 \\ \vdots \\ z_i \\ \vdots \\ z_k \\ \vdots \\ z_n \end{pmatrix} \;=\; -\det \begin{pmatrix} z_1 \\ \vdots \\ z_k \\ \vdots \\ z_i \\ \vdots \\ z_n \end{pmatrix}$$

(d.h. det *ist* **alternierend***)*

(ix) *Jede Funktion* $D\colon \mathbb{K}^{n\times n} \to \mathbb{K}$ *mit* **(i)** – **(iv)** *stimmt mit* det *überein, d.h.* $D(A) = \det(A) \quad \forall\; A \in \mathbb{K}^{n\times n}$.

Bemerkungen:

(i) Bezug zum Volumen des Parallelepipeds (PE) (vgl. Satz 3.3.6):

$$\Big|\det(s_1, s_2, ..., s_n)\Big| \;=\; Vol\Big(PE(s_1, s_2, ..., s_n)\Big)$$

(ii) Rechenregeln helfen Determinanten „geschickt“ zu berechnen.

Satz 4.4.6 (Produktsatz für Determinanten)
Seien $A, B \in \mathbb{K}^{n\times n}$*. Dann gilt:*

$$\det(A \cdot B) \;=\; \det A \cdot \det B\,. \tag{4.8}$$

Folgerung 4.4.7 *Für alle invertierbaren* $A \in \mathbb{K}^{n\times n}$ *gilt:*

$$\det(A^{-1}) \;=\; \frac{1}{\det(A)}\,. \tag{4.9}$$

Praktische Berechnung der Determinante von A mit PLR – Zerlegung nach Gauß mit Zeilentausch (vgl. Sektion 4.3):

$$\det A \;=\; \det P \cdot \det L \cdot \det R \;=\; (-1)^{n_z} \cdot \prod_{i=1}^{n} \delta_{ii} \;, \tag{4.10}$$

wobei n_z = Anzahl der Zeilenvertauschungen um von P nach E_n zu gelangen.

Folgerung 4.4.8 *Sei $A \subset \mathbb{K}^{n\times n}$. Dann gilt:*

$$A \text{ ist invertierbar} \quad \Longleftrightarrow \quad \det A \neq 0 \;.$$

Folgerung 4.4.9 (Cramersche[3] Regel)
Sei $A = (s_1, ..., s_n) \in \mathbb{K}^{n\times n}$ invertierbar und $b \in \mathbb{K}^n$, dann hat die eindeutige Lösung $x = \begin{pmatrix} x_1 \\ \vdots \\ x_n \end{pmatrix} \in \mathbb{K}^n$ von $Ax = b$ die Darstellung

$$x_i \;=\; \frac{1}{\det A} \cdot \det(s_1, ..., s_{i-1}, b, s_{i+1}, ..., s_n) \;. \tag{4.11}$$

Definition 4.4.10 *Sei $A = (a_{ij})_{\substack{i=1,\dots,m \\ j=1,\dots,n}} \in \mathbb{K}^{m\times n}$.*
Dann heißt

$$A^T \;=\; (a_{ji})_{\substack{j=1,\dots,n \\ i=1,\dots,m}} \in \mathbb{K}^{n\times m} \tag{4.12}$$

die zu A **transponierte Matrix.**

Lemma 4.4.11 *Für $A \in \mathbb{K}^{n\times n}$ gilt*

$$\det A \;=\; \det A^T \;. \tag{4.13}$$

4.5 Eigenwerte und Eigenvektoren

Definition 4.5.1 *Sei V Vektorraum über $\mathbb{R}$ (oder $\mathbb{C}$), $L\colon V \to V$ eine lineare Abbildung. Dann heißt $\lambda \in \mathbb{R}$ (oder $\mathbb{C}$) ein* **Eigenwert** *von L und $v \in V$ ein zu λ gehörender* **Eigenvektor**, *wenn*

$$v \neq 0 \quad \text{und} \quad L(v) \;=\; \lambda \cdot v \quad \text{gilt} \;. \tag{5.1}$$

Die Gesamtheit aller Eigenvektoren (plus Nullvektor) zum Eigenwert λ heißt **Eigenraum von $\boldsymbol{\lambda}$**. *Schreibweise: $E(\lambda) = E(\lambda, L)$.*

[3]Gabriel Cramer (1704 – 1752), schweizer Mathematiker

Definition 4.5.2 *Sei $A \in \mathbb{R}^{n\times n}$. Dann heißt $\lambda \in \mathbb{R}$* **Eigenwert** *von A und $x \in \mathbb{R}^n$ zugehöriger* **Eigenvektor**, *falls*

$$x \neq 0 \quad \textit{und} \quad A \cdot x = \lambda \cdot x \qquad \textit{gilt}\,. \tag{5.2}$$

Die Menge aller Eigenvektoren zu λ (plus Nullvektor), $E(\lambda) = E(\lambda, A)$, heißt wieder **Eigenraum von λ.**

Für $A \in \mathbb{R}^{n\times n}$ gilt:

$$\left.\begin{array}{l} A \text{ hat Eigenvektor } x \neq 0 \\ \text{zum Eigenwert } \lambda \end{array}\right\} \iff (A - \lambda \cdot E_n) \text{ ist nicht invertierbar} \tag{5.3}$$

Und wegen Folgerung 4.4.8 gilt:

$$\text{r. S. in (5.3)} \iff \det(A - \lambda \cdot E_n) = 0 \tag{5.4}$$

Wir können das Eigenwert/Eigenvektor Problem also in 2 Schritte teilen:

1. Suche **Eigenwerte** $\lambda \in \mathbb{R}$ als Lösungen von $\det(A - \lambda \cdot E_n) = 0$.
2. Wenn λ Eigenwert, bestimme alle **Eigenvektoren** (d.h. berechne $ker(A - \lambda \cdot E_n)$).

$\det(A - \lambda \cdot E_n)$ ist ein Polynom n–ten Gerades in der Unbekannten λ. Allerdings haben Polynome mit Koeffizienten in $\mathbb{R}$ nicht immer Nullstellen. Es gilt aber:

Fundamentalsatz der Algebra: Zu gegebenen $c_0, ..., c_{n-1} \in \mathbb{C}$ haben Polynome $\lambda^n + c_{n-1}\,\lambda^{n-1} + ... + c_1 \cdot \lambda + c_0 = 0$ immer Nullstellen $\lambda \in \mathbb{C}$.

Betrachte deshalb das Eigenwert/Eigenvektor Problem für $A \in \mathbb{C}^{n\times n}$, $x \in \mathbb{C}^n$, $\lambda \in \mathbb{C}$ (analog zu Definition 4.5.2).

Definition 4.5.3 *Sei $A \in \mathbb{C}^{n\times n}$. Dann heißt p_A mit*

$$p_A(\lambda) := \det(A - \lambda \cdot E_n)\,, \ \lambda \in \mathbb{C}\,, \tag{5.5}$$

das **charakteristische Polynom** *der Matrix A.*

Definition 4.5.4 *Sei $A \in \mathbb{C}^{n\times n}$ und $\tilde{\lambda}_i \in \mathbb{C}$ eine k_i–fache Nullstelle, $k_i \geq 1$, von*

$$p_A(\lambda) = (\tilde{\lambda}_1 - \lambda)^{k_1} \cdot (\tilde{\lambda}_2 - \lambda)^{k_2} \cdots (\tilde{\lambda}_r - \lambda)^{k_r}\,,$$

wobei $k_1 + ... + k_r = n$ und $\tilde{\lambda}_i \neq \tilde{\lambda}_j$. Dann heißt:

$n_{alg}(\tilde{\lambda}_i) := k_i$ **algebraische Vielfachheit** *des Eigenwerts $\tilde{\lambda}_i$*

und

$n_{geo}(\tilde{\lambda}_i) := \dim E(\tilde{\lambda}_i)$ **geometrische Vielfachheit** *des Eigenwerts $\tilde{\lambda}_i$.*

Es gilt:

$$1 \leq n_{geo}(\tilde{\lambda}_i) \leq n_{alg}(\tilde{\lambda}_i) \leq n \quad \text{für alle} \quad i = 1, ..., r \,. \tag{5.6}$$

Satz 4.5.5 *Es seien* $\lambda_1, ..., \lambda_k$ **paarweise verschiedene** *Eigenwerte von* A *mit zugehörigen Eigenvektoren* $x_1, ..., x_k$. *Dann sind* $x_1, ..., x_k$ *linear unabhängig.*

Weiteres Ziel: Wähle im $\mathbb{C}^n$ eine Basis aus Eigenvektoren von A. Sofern das möglich ist, lässt sich $L(x) := A \cdot x$ bezüglich dieser Basis „schön" darstellen.

$$\textbf{Fall}\,(*) : \begin{cases} A \in \mathbb{C}^{n \times n} \text{ hat Eigenwerte } \lambda_1, ..., \lambda_n \in \mathbb{C} \text{ (nicht notwendig verschieden)} \\ \text{mit } \textbf{linear unabhängigen} \text{ Eigenvektoren } x_1, ..., x_n \in \mathbb{C}^n \,. \end{cases}$$

Dann lässt sich die lineare Abbildung

$$\begin{aligned} L\colon\ \mathbb{C}^n &\to \mathbb{C}^n \\ L(x) &:= A \cdot x \end{aligned}$$

bezüglich der Basis $\mathcal{B} = (x_1, ..., x_n)$ aus Eigenvektoren durch die Diagonalmatrix

$$D = \begin{pmatrix} \lambda_1 & 0 & \cdots & 0 \\ 0 & \ddots & & \vdots \\ \vdots & & \ddots & 0 \\ 0 & \cdots & 0 & \lambda_n \end{pmatrix}$$

darstellen, d.h. $A = \mathcal{L}_L^{\mathcal{E},\mathcal{E}}$ und $D = \mathcal{L}_L^{\mathcal{B},\mathcal{B}}$, wobei $\mathcal{E} = (e_1, ..., e_n)$ die Einheitsbasis ist (vgl. Sektion 4.2).

Satz 4.5.6 *Im* **Fall** $(*)$ *von oben gilt: A kann mittels der* **Transformationsmatrix**

$$B = (x_1, ..., x_n) \in \mathbb{C}^{n \times n}$$

auf **Diagonalgestalt** *gebracht werden. Das heißt:*

$$B^{-1} \cdot A \cdot B = D \tag{5.7}$$

Folgerung 4.5.7 (Kriterium für Diagonalisierbarkeit)
Sei $A \in \mathbb{C}^{n \times n}$ *mit charakteristischem Polynom* $p_A(\lambda) = (\tilde{\lambda}_1 - \lambda)^{k_1} \cdot (\tilde{\lambda}_2 - \lambda)^{k_2} \cdots (\tilde{\lambda}_r - \lambda)^{k_r}$ *mit* $\tilde{\lambda}_i \neq \tilde{\lambda}_j$. *Falls dann* $n_{alg}(\tilde{\lambda}_i) = n_{geo}(\tilde{\lambda}_i)$ *für* $i = 1, ..., r$, *dann gilt* **Fall** $(*)$ *und folglich ist* A *diagonalisierbar.*

Die Formel (5.7) gilt auch ganz allgemein für Matrizen, welche die gleiche lineare Abbildung beschreiben.

Satz 4.5.8 (Matrizen bei Basiswechsel)
Sei $A \in \mathbb{C}^{n\times n}$ die Matrix, welche eine lineare Abbildung L bezüglich der Einheitsbasis $\mathcal{E} = (e_1, ..., e_n)$ beschreibt, d.h.

$$A = \mathcal{L}_L^{\mathcal{E},\mathcal{E}} \quad bzw. \quad L(x) = A \cdot x \ , \ \text{für } x \in \mathbb{C}^n \ ,$$

und $C = \mathcal{L}_L^{\mathcal{B},\mathcal{B}}$ mit $\mathcal{B} = (b_1, ..., b_n)$ ebenfalls Basis des $\mathbb{C}^n$. Dann gilt mit $B = (b_1, ..., b_n) \in \mathbb{C}^{n\times n}$:

$$C = B^{-1} A B \tag{5.8}$$

Definition 4.5.9 *Zwei Matrizen A und $C \in \mathbb{C}^{n\times n}$ heißen* **ähnlich**, *wenn ein invertierbares $B \in \mathbb{C}^{n\times n}$ existiert mit*

$$B^{-1} \cdot A \cdot B = C \ . \tag{5.9}$$

Damit sind alle Matrizen, welche die gleiche lineare Abbildung beschreiben, ähnlich.

Anwendung: Hat man zu A ein invertierbares B gefunden, so dass

$$B^{-1} \cdot A \cdot B = D = \begin{pmatrix} \lambda_1 & 0 & \cdots & 0 \\ 0 & \ddots & & \vdots \\ \vdots & & \ddots & 0 \\ 0 & \cdots & 0 & \lambda_n \end{pmatrix} ,$$

dann gilt

$$A^k = B \cdot D^k \cdot B^{-1} \quad \text{mit} \quad D^k = \begin{pmatrix} \lambda_1^k & 0 & \cdots & 0 \\ 0 & \ddots & & \vdots \\ \vdots & & \ddots & 0 \\ 0 & \cdots & 0 & \lambda_n^k \end{pmatrix} . \tag{5.10}$$

Achtung: Nicht alle Matrizen haben eine Basis aus Eigenvektoren und können folglich auch keiner Diagonalmatrix ähnlich sein.

Ziel ist es, trotzdem möglichst einfache Matrizen zu finden (sogenannte **Normalformen**), auf welche **jede** Matrix (mittels Basistransformation) transformiert werden kann.

Definition 4.5.10 *Eine Matrix*

$$J = \begin{pmatrix} \lambda & 1 & 0 & & \cdots & 0 \\ 0 & \lambda & 1 & & & \\ & & \lambda & 1 & & \vdots \\ \vdots & & & \ddots & \ddots & 0 \\ & & & & \lambda & 1 \\ 0 & & & \cdots & 0 & \lambda \end{pmatrix} \in \mathbb{C}^{r\times r} \left(\mathbb{R}^{r\times r}\right) , \ \lambda \in \mathbb{C}(oder\ \mathbb{R})$$

heißt **Jordan**[4]**–Matrix** *oder* **Jordan–Kasten**. *Wir sagen $A \in \mathbb{C}^{n\times n}$ hat* **Jordansche Normalform**, *falls es Jordan–Kästen $J_1, ..., J_m$, wobei $J_i \in \mathbb{C}^{r_i \times r_i}$ mit $r_1 + r_2 + ... + r_m = n$, gibt, so dass:*

$$A = \begin{pmatrix} J_1 & 0 & \cdots & & 0 \\ 0 & J_2 & & & \vdots \\ \vdots & & \ddots & & \vdots \\ \vdots & & & J_{m-1} & 0 \\ 0 & & \cdots & 0 & J_m \end{pmatrix}$$

Dabei sind die Diagonaleinträge $\lambda_i \in \mathbb{C}$, $i = 1, ..., m$, der Jordan–Kasten J_i nicht notwendigerweise verschieden.

Hauptsatz 4.5.11 *Jede Matrix $A \in \mathbb{C}^{n\times n}$ (oder $A \in \mathbb{R}^{n\times n}$) deren charakteristisches Polynom p_A in Linearfaktoren zerfällt, d.h.*

$$p_A(\lambda) = \prod_{j=1}^{\ell} \left(\tilde{\lambda}_j - \lambda\right)^{k_j}, \tag{5.11}$$

lässt sich auf Jordansche Normalform transformieren.
Genauer: Es existiert eine Transformationsmatrix $B \in \mathbb{C}^{n\times n}$ (oder $B \in \mathbb{R}^{n\times n}$), so dass

$$B^{-1} \cdot A \cdot B = \begin{pmatrix} \boxed{J_1} & & & \\ & \boxed{J_2} & & \\ & & \ddots & \\ & & & \boxed{J_m} \end{pmatrix}. \tag{5.12}$$

Jeder Eigenwert $\tilde{\lambda}_j$, $j = 1, ..., \ell$ tritt in wenigstens einem Jordan–Kasten als Diagonaleintrag auf und in den Diagonalen der Jordan–Kästen sind nur Eigenwerte von A zugelassen.

Folgerung 4.5.12 (Existenz der Jordanschen Normalform)
Jede Matrix $A \in \mathbb{C}^{n\times n}$ lässt sich auf Jordansche Normalform transformieren.

Wichtig: Wegen $\mathbb{R}^{n\times n} \subset \mathbb{C}^{n\times n}$ gelten die obigen Sätze auch für reelle Matrizen, allerdings nur mit im Allgemeinen komplexen Eigenwerten $\tilde{\lambda}_j \in \mathbb{C}$.

Frage: Wie findet man B (und damit die neue Basis zum Basiswechsel in (5.12))?

Definition 4.5.13 *Sei $k \geq 2$ und $A \in \mathbb{C}^{n\times n}$, so dass $\lambda \in \mathbb{C}$ ein Eigenwert von A ist. Dann heißt $b \in \mathbb{C}^n$ ein* **Hauptvektor k–ter Stufe** *zum Eigenwert λ, wenn*

$$(A - \lambda E_n)^k \cdot b = 0 \quad \text{und} \quad (A - \lambda E_n)^{k-1} \cdot b \neq 0 .$$

[4] **Marie Ennemond C. Jordan (1838–1922), französischer Mathematiker**

Die Menge aller **Hauptvektoren**

$$Haupt(A;\lambda) := \bigcup_{j\in\mathbb{N}} ker(A - \lambda\cdot E_n)^j$$

heißt **Hauptraum** *zum Eigenwert* λ.

Zu jedem $b \in ker(A-\lambda E_n)^k \setminus ker(A-\lambda E_n)^{k-1}$, *heißt* $b_1, ..., b_k \in Haupt(A;\lambda)$, *definiert durch*

$$\begin{aligned} b_k &:= b \\ b_{k-1} &:= (A - \lambda E_n)\cdot b_k \\ &\vdots \\ b_1 &:= (A - \lambda E_n)\cdot b_2 \end{aligned} \tag{5.13}$$

eine **Kette von Hauptvektoren**. $b \in Haupt(A;\lambda)$ *heißt* **Hauptvektor höchster Stufe**, *falls* $(A - \lambda E_n)\cdot x = b$ *keine Lösung* $x \in \mathbb{C}^n$ *hat. Die Kette (5.13) heißt dann* **maximal**.

Bemerkung 4.5.14 (i) *Offenbar gilt*

$$(A - \lambda E_n)\, b_1 = (A - \lambda E_n)^k b = 0\,, \tag{5.14}$$

d.h. b_1 *ist Eigenvektor.*

(ii) *Wenn b Hauptvektor höchster Stufe ist, lässt sich die Kette in (5.13) auch* **nicht** *fortsetzen.*

(iii) *Die Matrix, die* $L(x) = A\cdot x$ *auf* $span\{b_1, ..., b_k\}$ *beschränkt darstellt, ist*

$$J = \begin{pmatrix} \lambda & 1 & & 0 \\ & \lambda & & \\ & & \ddots & 1 \\ 0 & & & \lambda \end{pmatrix}.$$

(iv) *Der Inhalt von Hauptsatz 4.5.11 ist also, dass es immer eine Basis bestehend aus Ketten von Hauptvektoren gibt.*

(v) *Die Anzahl der Jordankästen zu* $\lambda = \dim ker(A - \lambda E_n) = n_{geo}(\lambda)$.

(vi) *Um die Jordansche Normalform zu finden, muss man also solche Ketten von Hauptvektoren finden, bzw. Hauptvektoren höchster Stufe (und mittels (5.13) die Kette!)*

(vii) $\dim Haupt(A;\lambda) = n_{alg}(\lambda)$.

4.6 Symmetrische und hermitesche Matrizen, quadratische Formen

Definition 4.6.1 $A = (a_{ij})_{i,j=1,\dots,n} \in \mathbb{R}^{n\times n}\,(\mathbb{C}^{n\times,n})$ *heißt* **symmetrisch**, *wenn*

$$a_{ij} = a_{ji} \quad \forall\ i,j = 1,\dots,n \qquad (d.h.\ A = A^T)\ . \tag{6.1}$$

$A \in \mathbb{C}^{n\times n}$ *heißt* **hermitesch** *(Hermite, 1822 – 1901, franz. Math.), wenn*

$$a_{ij} = \overline{a_{ji}} \quad \forall\ i,j = 1,\dots,n \qquad d.h.\ A = \overline{A}^T =: A^H\ . \tag{6.2}$$

Ziel: Studiere die **quadratische Form**

$$q(x) := \langle x, Ax \rangle\,, \quad x \in \mathbb{R}^n(\mathbb{C}^n)\ .$$

Definition 4.6.2 *Eine lineare Abbildung* $L\colon \mathbb{R}^n \to \mathbb{R}^n\,(\mathbb{C}^n \to \mathbb{C}^n)$ *heißt* **orthogonal (unitär)**, *wenn für alle* $x,y \in \mathbb{R}^n(\mathbb{C}^n)$ *gilt:*

$$\langle L(x), L(y) \rangle = \langle x, y \rangle\ . \tag{6.3}$$

Eine Matrix $A \in \mathbb{R}^{n\times n}\,(\mathbb{C}^{n\times n})$ *heißt* **orthogonal (unitär)**, *wenn*

$$A^T \cdot A = E_n \qquad (bzw.\ A^H \cdot A = E_n) \qquad gilt\ . \tag{6.4}$$

Orthogonale und unitäre Abbildungen ändern weder die Länge von Vektoren, noch die Winkel zwischen Vektoren.

Notation: $O(n) := \{A \in \mathbb{R}^{n\times n} :\ A^T \cdot A = E_n\}$ heißt **orthogonale Gruppe**.
$U(n) := \{A \in \mathbb{C}^{n\times n} :\ A^H \cdot A = E_n\}$ heißt **unitäre Gruppe**.

Wir können das Skalarprodukt auch als Matrizenprodukt schreiben:

$$\text{Im Fall } \mathbb{R}^n\colon\ \langle x,y \rangle_{\mathbb{R}^n} = x^T \cdot y = y^T \cdot x\,,\ \text{ für } x,y \in \mathbb{R}^n$$

$$\text{Im Fall } \mathbb{C}^n\colon\ \langle x,y \rangle_{\mathbb{C}^n} = \overline{x^H \cdot y} = y^H \cdot x\,,\ \text{ für } x,y \in \mathbb{C}^n\ .$$

Lemma 4.6.3 (i) *Für* $x,y \in \mathbb{R}^n\,(\mathbb{C}^n)$, $A \in \mathbb{R}^{n\times n}\,(\mathbb{C}^{n\times n})$ *gilt:*

$$\langle x, Ay \rangle_{\mathbb{R}^n} = \langle A^T x, y \rangle_{\mathbb{R}^n} \qquad (bzw.\ \langle x, Ay \rangle_{\mathbb{C}^n} = \langle A^H x, y \rangle_{\mathbb{C}^n})$$

(ii) *Für* $A \in \mathbb{R}^{m\times n}\,(\mathbb{C}^{m\times n})$, $B \in \mathbb{R}^{n\times \ell}\,(\mathbb{C}^{n\times \ell})$ *gilt:*

$$(A\cdot B)^T = B^T \cdot A^T \qquad \left(bzw.\ (A\cdot B)^H = B^H \cdot A^H\right)$$

Satz 4.6.4 (Charakterisierung von orthogonalen Abbildungen)
Für $A \in \mathbb{R}^{n\times n}(\mathbb{C}^{n\times n})$ sind **äquivalent***:*

(i) *A ist orthogonal (unitär)*

(ii) $L(x) := A \cdot x$ *ist orthogonal (unitär), d.h.*

$$< Ax, Ay > = < x, y > \quad \forall\ x, y \in \mathbb{R}^n(\mathbb{C}^n)$$

(iii) *Die Spalten $a_i := A_{\bullet i}$, $i = 1, ..., n$ von A bilden eine orthonormale Basis des $\mathbb{R}^n(\mathbb{C}^n)$:*

$$< a_i, a_j > = \delta_{ij} \quad \text{für alle} \quad i, j = 1, ..., n \ . \tag{6.5}$$

Symmetrische/Hermitesche Matrizen sind immer diagonalisierbar:

Hauptsatz 4.6.5 (Diagonalisierbarkeit von symmetrischen/hermiteschen Matrizen)
Sei $A \in \mathbb{R}^{n\times n}$ **symmetrisch** *(bzw. $A \in \mathbb{C}^{n\times n}$* **hermitesch***)*
Dann gilt:

(i) **Alle Eigenwerte** λ_i, $i = 1, ..., n$, *von A sind* **reell** *(für $A \in \mathbb{R}^{n\times n}$ sind auch die Eigenvektoren in $\mathbb{R}^n$).*

(ii) *Eigenvektoren zu* **verschiedenen** *Eigenwerten sind* **orthogonal**.

(iii) *Für Eigenwerte λ von A gilt A: $(ker(A - \lambda E_n))^\perp \to (ker(A - \lambda E_n))^\perp$*

$$d.h. \ < A\tilde{v}, v > = 0 \quad \forall\ \tilde{v} \in (ker(A - \lambda E_n))^\perp \ \ \forall\ v \in ker(A - \lambda E_n) \ . \tag{6.6}$$

(iv) $n_{geo}(\lambda) = n_{alg}(\lambda)$ *für alle Eigenwerte λ von A.*

(v) *Es gibt eine* **Orthonormalbasis** $\mathcal{B} = (b_1, ..., b_n)$ *des $\mathbb{R}^n(\mathbb{C}^n)$ aus* **Eigenvektoren** *von A; für $B = (b_1, ..., b_n) \in \mathbb{R}^{n\times n}(\mathbb{C}^{n\times n})$ gilt damit $B^T \cdot B = E_n$ (bzw. $B^H \cdot B = E_n$).*

(vi) *A lässt sich mit der* **orthogonalen (unitären) Transformationsmatrix** B **auf Diagonalgestalt bringen**, *d.h.*

$$B^{-1} \cdot A \cdot B = \begin{pmatrix} \lambda_1 & & 0 \\ & \ddots & \\ 0 & & \lambda_n \end{pmatrix} \in \mathbb{R}^{n\times n} \ . \tag{6.7}$$

Anwendung:

Satz 4.6.6 (Darstellung quadratischer Formen)
Sei $A \in \mathbb{R}^{n\times n}$ symmetrisch, (bzw. $A \in \mathbb{C}^{n\times n}$ hermitesch). Betrachte die **quadratische Form** *$q\colon \mathbb{R}^n \to \mathbb{R}$ (bzw. $q\colon \mathbb{C}^n \to \mathbb{C}$), mit $q(x) := < x, Ax >$. Dann hat q die Darstellung*

$$q(x) = \sum_{i=1}^{n} \lambda_i \cdot |\xi_i|^2 \ , \tag{6.8}$$

wobei $\lambda_1, ..., \lambda_n \in \mathbb{R}$ *die Eigenwerte von* A *(mit Vielfachheiten) sind und* ξ *ist der Koordinatenvektor von* x *bzgl.* $\mathcal{B}$*, d.h.*

$$\xi = \begin{pmatrix} \xi_1 \\ \vdots \\ \xi_n \end{pmatrix} = x_{\mathcal{B}}, \quad \text{bzw.} \quad x = B \cdot \xi = \sum_{i=1}^{n} \xi_i \, b_i$$

mit $B = (b_1, ..., b_n) \in O(n)$ *(bzw.* $U(n)$*). Dabei ist* $\mathcal{B} = (b_1, ..., b_n)$ *Basis von orthonormalen Eigenvektoren von* A*.*

Definition 4.6.7 *Die durch die Richtungsvektoren* b_i *festgelegten Geraden heißen* **Hauptachsen**. *Die Umwandlung von* q *in die Form (6.8) heißt* **Hauptachsentransformation**

Beispiel 4.6.8 *Sei* $A = (a_{ij})_{i,j=1,...,3} \in \mathbb{R}^{3\times 3}$ *symmetrisch mit Eigenwerten* $\lambda_1, \lambda_2, \lambda_3 > 0$*, dann beschreiben alle* $x \in \mathbb{R}^3$ *mit*

$$q(x) = \sum_{i,j=1}^{3} a_{ij} \cdot x_i \cdot x_j = \lambda_1 \xi_1^2 + \lambda_2 \xi_2^2 + \lambda_3 \xi_3^2 = 1 \quad \text{ein} \quad \textbf{Ellipsoid} \, .$$

Kapitel 5

Einführung in die Differentialrechnung

5.1 Ableitung und differenzierbare Funktionen

Definition 5.1.1 *Sei* $f\colon (a,b) \to \mathbb{R}$.

(i) *Dann heißt* f *in* $x_0 \in (a,b)$ **differenzierbar**, *falls es eine Zahl* $A \in \mathbb{R}$ *gibt, so dass*

$$\lim_{x \to x_0} \frac{f(x) - f(x_0)}{x - x_0} = A\,. \tag{1.1}$$

Die Zahl A *heißt* **Ableitung von** f **an der Stelle** x_0. *Die Größe*

$$\frac{f(x) - f(x_0)}{x - x_0} \tag{1.2}$$

heißt **Differenzenquotient** *von* f *an der Stelle* x_0.

Schreibweise: $f'(x_0) := A$ *oder auch* $\frac{d}{dx} f(x_0) := A$

(ii) *Ist* f *in jedem Punkt* $x_0 \in (a,b)$ *differenzierbar, so heißt* f **differenzierbar auf** (a,b). *Die Funktion*

$$\begin{aligned} f' : (a,b) &\to \mathbb{R} \\ x_0 &\mapsto f'(x_0) \end{aligned}$$

heißt **abgeleitete Funktion** *(bzw.* **Ableitung von** f*)*

Beispiel: $f(x) = e^x$ hat Ableitung $f'(x_0) = e^{x_0}$.

Definition 5.1.2 *Sei* $f\colon (a,b) \to \mathbb{R}$. *Dann heißt* f *in* $x_0 \in (a,b)$ **linear approximierbar**, *(vgl. Abbildung 5.1) wenn es ein* $\alpha \in \mathbb{R}$ *gibt, so dass für*

$$f(x) - f(x_0) - \alpha \cdot (x - x_0) =: r(x; x_0)\,,$$

gilt:

$$\lim_{x \to x_0} \frac{r(x; x_0)}{|x - x_0|} = 0 \qquad (r \text{ heißt auch } \textbf{Restglied}) \tag{1.3}$$

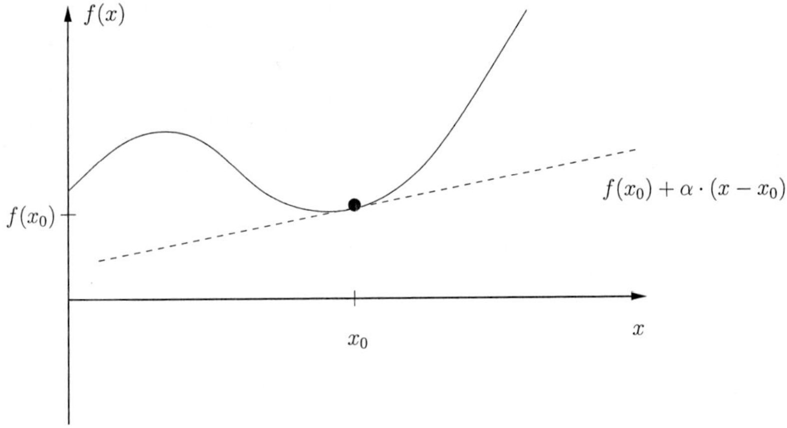

Abbildung 5.1: Lineare Approximation bei $(x_0, f(x_0))$

Schreibweise: Ist $k \in \mathbb{N}$ und $\varphi = \varphi(t)$, $t \in \mathbb{R}$ eine Funktion mit

$$\lim_{t \to 0} \frac{\varphi(t)}{t^k} = 0 ,$$

dann schreiben wir

$$\varphi = o(t^k) \text{ für } t \to 0 \qquad \text{(sprich: „kleines o von } t^k\text{“)} .$$

Insbesondere ist $r(x; x_0) = o(|x - x_0|)$ für $x \to x_0$.

Lemma 5.1.3 *Sei $f\colon (a, b) \to \mathbb{R}$. Dann ist f in $x_0 \in (a, b)$ genau dann linear approximierbar, wenn f in x_0 differenzierbar ist.*

Bemerkungen:

(i) A in (1.1) ist eindeutig, wenn es denn existiert.

(ii) Wegen $\alpha = A = f'(x_0)$ gilt also

$$f(x) - f(x_0) - f'(x_0) \cdot (x - x_0) =: r(x; x_0) = o(|x - x_0|) \text{ für } x \to x_0 , \tag{1.4}$$

wobei $f'(x_0) \cdot (x - x_0) =: L(x - x_0)$ eine lineare Abbildung $L\colon \mathbb{R} \to \mathbb{R}$ definiert.

Schreibweise: $d_{x_0} f := L$ heißt **Differential von f** an der Stelle x_0.

Definition 5.1.4 *Sei $f\colon (a,b) \to \mathbb{R}$. Wir sagen f hat eine* **rechtsseitige Ableitung** *an der Stelle x_0, falls der Grenzwert*

$$f'(x_0 + 0) \;:=\; \lim_{x \searrow x_0} \frac{f(x) - f(x_0)}{x - x_0} \qquad \text{existiert} .$$

Analog: **linksseitige Ableitung** *an der Stelle x_0:*

$$f'(x_0 - 0) \;:=\; \lim_{x \nearrow x_0} \frac{f(x) - f(x_0)}{x - x_0}$$

Bemerkung: Damit kann man auch für $f\colon [a,b] \to \mathbb{R}$ einseitige Ableitungen am Rand von $[a,b]$ definieren.

Lemma 5.1.5 *$f\colon (a,b) \to \mathbb{R}$ sei in $x_0 \in (a,b)$ differenzierbar. Dann ist f in x_0 stetig.*

5.2 Berechnung von Ableitungen

Satz 5.2.1 (Summe, Produkt von differenzierbaren Funktionen)
Es seien $f, g\colon (a,b) \to \mathbb{R}$ in $x_0 \in (a,b)$ differenzierbar. Dann gilt:

(i) *Für beliebiges $c_1, c_2 \in \mathbb{R}$ ist $(c_1 \cdot f + c_2 \cdot g)$ in x_0 differenzierbar und*

$$(c_1 \cdot f + c_2 \cdot g)'(x_0) \;=\; c_1 \cdot f'(x_0) + c_2 \cdot g'(x_0) \tag{2.1}$$

(ii) (Produktregel) *$f \cdot g$ ist in x_0 differenzierbar und*

$$(f \cdot g)'(x_0) \;=\; f'(x_0) \cdot g(x_0) + f(x_0) \cdot g'(x_0) \tag{2.2}$$

Wenn zusätzlich $g(x_0) \neq 0$, dann existiert ein $\varepsilon > 0$, so dass

(iii) *$\frac{1}{g}\colon (x_0 - \varepsilon\,,\, x_0 + \varepsilon) \to \mathbb{R}$, in x_0 differenzierbar ist und es gilt:*

$$\left(\frac{1}{g}\right)'(x_0) \;=\; -\frac{1}{g(x_0)^2} \cdot g'(x_0) \tag{2.3}$$

(iv) (Quotientenregel)
Ferner ist $\left(\frac{f}{g}\right)\colon (x_0 - \varepsilon\,,\, x_0 + \varepsilon) \to \mathbb{R}$, in x_0 differenzierbar ist und es gilt:

$$\left(\frac{f}{g}\right)'(x_0) \;=\; \frac{g(x_0)\, f'(x_0) - f(x_0) \cdot g'(x_0)}{[g(x_0)]^2} \tag{2.4}$$

Beispiele:

(i) Für Polynome

$$P_n(x) = a_n \cdot x^n + a_{n-1} \cdot x^{n-1} + \cdots + a_1 \cdot x + a_0\,, \text{ mit } a_n \neq 0\,, \text{ gilt}$$

$$P_n'(x) = n \cdot a_n \cdot x^{n-1} + (n-1)\, a_{n-1} \cdot x^{n-2} + \cdots + a_1\,. \tag{2.5}$$

(ii) Für $\alpha \in \mathbb{Z}$ und $x \neq 0$ hat

$$f(x) = x^\alpha \quad \text{die Ableitung} \quad f'(x) = \alpha \cdot x^{\alpha-1}\,. \tag{2.6}$$

Satz 5.2.2 (Kettenregel)
Seien $f\colon (a,b) \to \mathbb{R}$ *und* $g\colon (c,d) \to \mathbb{R}$ *reelle Funktionen mit Wertebereich* $\mathcal{W}(f) \subset (c,d)$. *Falls* f *in* $x_0 \in (a,b)$ *differenzierbar, und* g *in* $y_0 := f(x_0)$ *differenzierbar ist, dann ist auch die* **Hintereinanderausführung** $g \circ f\colon (a,b) \to \mathbb{R}$ *in* x_0 *differenzierbar, und es gilt*

$$(g \circ f)'(x_0) = g'(f(x_0)) \cdot f'(x_0)\,. \tag{2.7}$$

Definition 5.2.3 *Sei* $f\colon (a,b) \to \mathbb{R}$ *auf* (a,b) *differenzierbar.* f *heißt in* $x_0 \in (a,b)$ **zweimal differenzierbar**, *wenn* $f'\colon (a,b) \to \mathbb{R}$ *in* x_0 *differenzierbar ist, d.h. wenn*

$$\lim_{x \to x_0} \frac{f'(x) - f'(x_0)}{x - x_0} =: f''(x_0) = \frac{d^2}{dx^2}\, f(x_0) \tag{2.8}$$

existiert. $f''(x_0)$ *heißt* **zweite Ableitung** *von* f *an der Stelle* $x_0 \in (a,b)$. *Existiert* $f''(x_0)$ *für alle* $x_0 \in (a,b)$, *so heißt*

$$f''\colon (a,b) \to \mathbb{R}\,,\ x \mapsto f''(x)$$

zweite Ableitung *von* f *(auf* (a,b)*).*

Analog für $n \in \mathbb{N}$: $f^{(n)}(x_0) = \frac{d^n}{dx^n}\, f(x_0)$ *heißt* **n–te Ableitung von** f *an der Stelle* x_0, *falls der Grenzwert*

$$\lim_{x \to x_0} \frac{f^{(n-1)}(x) - f^{(n-1)}(x_0)}{x - x_0} =: f^{(n)}(x_0) \tag{2.9}$$

existiert.

Beispiele:

$$\frac{d^2}{dx^2}(f \cdot g) = \left(\frac{d^2}{dx^2} f\right) \cdot g + 2\left(\frac{d}{dx} f\right) \left(\frac{d}{dx} g\right) + f \cdot \left(\frac{d^2}{dx^2} g\right), \tag{2.10}$$

$$(f \cdot g)^{(n)}(x_0) = \sum_{k=0}^{n} \binom{n}{k} f^{(k)}(x_0)\, g^{(n-k)}(x_0) \tag{2.11}$$

(Leibnizsche[1] Produktformel) , wobei wir $f^{(0)}(x_0) =: f(x_0)$ setzen.

Auch die Funktionen $f(x) := \sin(x)$ und $g(x) := \cos(x)$ sind differenzierbar und es gilt:

$$\frac{d}{dx} \sin x = \cos x \qquad \forall\, x \in \mathbb{R} \tag{2.12}$$

und

$$\frac{d}{dx} \cos x = -\sin x \qquad \forall\, x \in \mathbb{R} \tag{2.13}$$

5.3 Der Mittelwertsatz der Differentialrechnung

Satz 5.3.1 (Mittelwertsatz der Differentialrechnung)
Sei $f\colon [a,b] \to \mathbb{R}$ stetig und auf (a,b) differenzierbar. Dann existiert (mindestens) ein $\xi \in (a,b)$ (vgl. Abbildung 5.2), so dass

$$f(b) - f(a) = f'(\xi) \cdot (b-a) \tag{3.1}$$

gilt.

Folgerung 5.3.2 *Sei $f : (a,b) \to \mathbb{R}$ differenzierbar, $x_0 \in (a,b)$. Falls für alle x aus einer Umgebung $U_\varepsilon(x_0) := (x_0 - \varepsilon\,,\ x_0 + \varepsilon)$ von x_0 gilt, dass $f(x) \leq f(x_0)$, so folgt $f'(x_0) = 0$.*

Definition 5.3.3 *Sei $f\colon (a,b) \to \mathbb{R}$ und $x_0 \in (a,b)$. Falls ein $\varepsilon > 0$ existiert mit*

(i) $f(x) \leq f(x_0) \quad \forall\, x \in U_\varepsilon(x_0)$, *dann heißt x_0* **lokales Maximum** *von f;*

(ii) $f(x) < f(x_0) \quad \forall\, x \in U_\varepsilon(x_0) \setminus \{x_0\}$, *dann heißt x_0* **striktes lokales Maximum** *von f;*

(iii) $f(x) \geq f(x_0) \quad \forall\, x \in U_\varepsilon(x_0)$, *dann heißt x_0* **lokales Minimum** *von f;*

[1] Gottfried W. Leibniz (1646–1716), deutscher Mathematiker und Philosoph

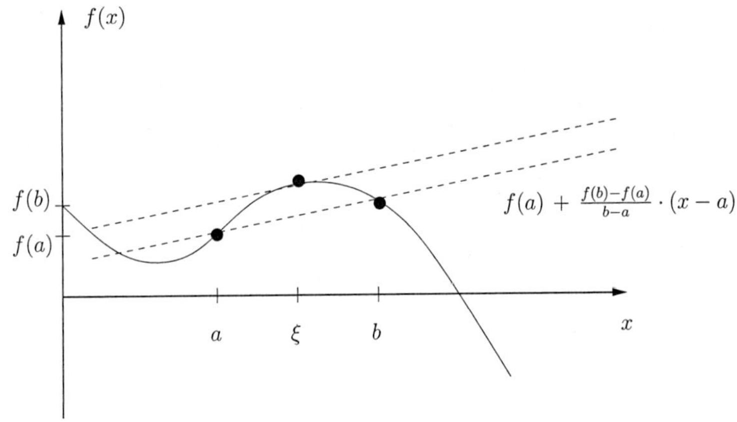

Abbildung 5.2: Situation des Mittelwertsatzes

(iv) $f(x) > f(x_0) \quad \forall\ x \in U_\varepsilon(x_0) \setminus \{x_0\}$, *dann heißt* x_0 **striktes lokales Minimum** *von* f;

(v) *gilt* $f'(x_0) = 0$, *so heißt* x_0 **kritischer Punkt** *von* f.

Satz 5.3.4 *Sei* $f\colon (a,b) \to \mathbb{R}$ *differenzierbar,* $f'(x) = 0 \quad \forall\ x \in (a,b)$. *Dann ist* f *konstant, d.h.* $f(x) = const \quad \forall\ x \in (a,b)$.

Folgerung 5.3.5 *Eine auf* (a,b) *differenzierbare Funktion* f *ist durch ihre Ableitung* f' *und den Funktionswert an einer einzigen Stelle* $x_0 \in (a,b)$ *bereits eindeutig festgelegt.*

Aus Kapitel 2, (8.12) wissen wir:

$$\sin^2 x + \cos^2 x = 1 \qquad \forall\ x \in \mathbb{R}\,. \tag{3.2}$$

Für die Ableitungen des **Tangens** und des **Cotangens**,

$$\tan x := \frac{\sin x}{\cos x} \qquad \forall\ x \in \mathbb{R} \quad \text{mit} \quad \cos x \neq 0\,, \tag{3.3}$$

$$\cot x := \frac{\cos x}{\sin x} \qquad \forall\ x \in \mathbb{R} \quad \text{mit} \quad \sin x \neq 0\,, \tag{3.4}$$

folgt daher

$$(\tan x)' = \frac{1}{\cos^2 x}\,, \tag{3.5}$$

und

$$(\cot x)' = -\frac{1}{\sin^2 x}\,. \tag{3.6}$$

Satz 5.3.6 (Zusammenhang Ableitung und Monotonie)
Sei $f\colon (a,b) \to \mathbb{R}$ differenzierbar auf (a,b). Dann gilt:

(i) $\left.\begin{array}{r} f \textit{ ist } \textbf{monoton} \textit{ wachsend} \\ \textit{(bzw. monoton fallend)} \end{array}\right\} \iff \left\{\begin{array}{l} f'(x) \geq 0 \quad \forall\ x \in (a,b) \\ (\textit{bzw. } f'(x) \leq 0 \quad \forall\ x \in (a,b)) \end{array}\right.$

(ii) $\left.\begin{array}{l} f'(x) > 0 \quad \forall\ x \in (a,b) \\ (\textit{bzw. } f'(x) < 0 \quad \forall\ x \in (a,b)) \end{array}\right\} \implies \left\{\begin{array}{l} f \textit{ ist } \textbf{streng monoton} \textit{ wachsend} \\ \textit{(bzw. streng monoton fallend)} \end{array}\right.$

Bemerkung: Die Rückrichtung in **(ii)** wäre falsch!

Beispiel: Der Tangens ist streng monoton auf jedem Intervall $I \subset D(\tan)$, d.h.

$$\tan x_1 < \tan x_2 \qquad \forall\ x_1, x_2 \in I \quad \text{mit} \quad x_1 < x_2\,, \tag{3.7}$$

wobei $I = (a,b)$ mit $\cos(x) \neq 0 \quad \forall\ x \in (a,b)$.

Satz 5.3.7 (Existenz von Maxima/Minima)
Sei $f\colon (a,b) \to \mathbb{R}$ differenzierbar, $x_0 \in (a,b)$ ein kritischer Punkt von f und $\varepsilon > 0$. Falls dann

(i) $\left.\begin{array}{rl} & f'(x) > 0 \quad \forall\ x \in (x_0 - \varepsilon\,, x_0) \\ \textit{und} & f'(x) < 0 \quad \forall\ x \in (x_0\,, x_0 + \varepsilon) \end{array}\right\} \implies f \textit{ hat in } x_0 \textit{ ein } \textbf{striktes lokales Maximum}$

(ii) $\left.\begin{array}{rl} & f'(x) < 0 \quad \forall\ x \in (x_0 - \varepsilon\,, x_0) \\ \textit{und} & f'(x) > 0 \quad \forall\ x \in (x_0\,, x_0 + \varepsilon) \end{array}\right\} \implies f \textit{ hat in } x_0 \textit{ ein } \textbf{striktes lokales Minimum}\,.$

Beispiel:
$$f(x) = \frac{1}{2}(e^x + e^{-x}) =: \cosh(x) \qquad \textbf{(Cosinus hyperbolikus)}$$
$$f'(x) = \frac{1}{2}(e^x - e^{-x}) =: \sinh(x) \qquad \textbf{(Sinus hyperbolikus)}$$

f hat bei $x_0 = 0$ ein striktes lokales Minimum.

Satz 5.3.8 *Sei $f\colon (a,b) \to \mathbb{R}$ zweimal* **stetig differenzierbar**, *d.h. $f''\colon (a,b) \to \mathbb{R}$ ist auf (a,b) stetig, ferner sei x_0 ein* **kritischer** *Punkt von f. Dann gilt:*

(i) *Falls $f''(x_0) < 0$ ist, dann hat f in x_0 ein* **striktes lokales Maximum**

(ii) *Falls $f''(x_0) > 0$ ist, dann hat f in x_0 ein* **striktes lokales Minimum**

Definition 5.3.9 *Sei* $f\colon [a,b] \to \mathbb{R}$ *eine reelle Funktion. Dann heißt* f **konvex** *(vgl. Abbildung 5.3), falls gilt*

$$f\Big((1-t)\,x + ty\Big) \;\le\; (1-t)\,f(x) \;+\; t\,f(y) \quad \forall\; x,y \in [a,b] \;\&\; \forall\; t \in [0,1]\,. \tag{3.8}$$

Wenn in (3.8) für alle $t \in (0,1)$ *und* $x \neq y$ *die Ungleichung strikt gilt (mit „<“), so heißt* f **strikt konvex**. f *heißt* **konkav** *bzw.* **strikt konkav**, *wenn* $-f$ *konvex bzw. strikt konvex ist.*

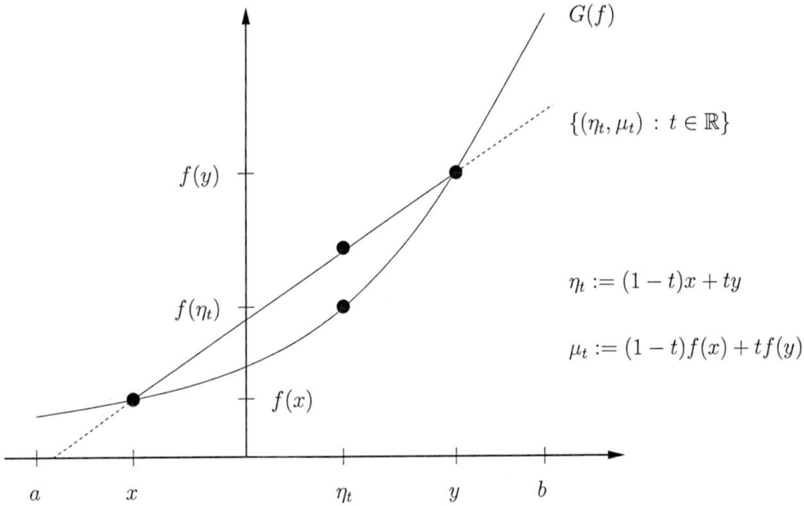

Abbildung 5.3: Konvexe Funktion

Satz 5.3.10 *Sei* $f\colon [a,b] \to \mathbb{R}$ *stetig und* $f\colon (a,b) \to \mathbb{R}$ *zweimal differenzierbar. Dann gilt:*

(i) $f'' \geq 0$ *auf* (a,b) $\iff$ f *ist konvex*

(ii) $f'' > 0$ *auf* (a,b) $\Longrightarrow$ f *ist strikt konvex*

Bemerkung: Es gibt Funktionen, so dass f strikt konvex ist, aber $f'' \not> 0$, d.h. die Rückrichtung in **(ii)** ist falsch!

Definition 5.3.11 *Sei* $f\colon (a,b) \to \mathbb{R}$ *zweimal stetig differenzierbar.* $x_0 \in (a,b)$ *heißt* **Wendepunkt** *von* f, *wenn* $f''(x_0) = 0$ *ist und die zweite Ableitung beim Durchgang durch* x_0 *ihr Vorzeichen ändert.*

Folgerung 5.3.12 *Ist* $f : U_\varepsilon(x_0) \to \mathbb{R}$ *dreimal stetig differenzierbar und gilt* $f''(x_0) = 0$, *sowie* $f'''(x_0) \neq 0$, *so ist* x_0 *ein Wendepunkt von* f.

Ableitungen der Umkehrfunktion

Satz 5.3.13 *Sei* $f: [a,b] \to \mathbb{R}$ *stetig und streng monoton mit Wertebereich* $\mathcal{W}(f) = [c,d]$. *In* $x_0 \in (a,b)$ *sei* f *differenzierbar, und es gelte* $f'(x_0) \neq 0$. *Dann ist die Umkehrfunktion* $g\colon [c,d] \to \mathbb{R}$ *von* f *in* $y_0 := f(x_0)$ *ebenfalls differenzierbar, und es gilt*

$$g'(y_0) = \frac{1}{f'(x_0)} = \frac{1}{f'(g(y_0))} . \tag{3.9}$$

Zusatz: *Insbesondere ist* g' *in* y_0 *stetig, wenn* f' *in* x_0 *stetig ist.*

Beispiele 5.3.14 (i) $f(x) = x^n$, $x > 0$, $n \in \mathbb{N}$ *fest.*
Umkehrfunktion ist $g(y) = y^{\frac{1}{n}} = \sqrt[n]{y}$, $y > 0$, *mit Ableitung* $g'(y) = \frac{1}{n} \cdot y^{\frac{1}{n}-1}$.

(ii) $f(x) = e^x$, $x \in \mathbb{R}$; $g(y) = \log(y)$, $y > 0$. $g'(y) = \dfrac{1}{y}$.

(iii) *Anwendung: Sei* $\alpha > 0$ *fest.* $f(x) = x^\alpha$, $x > 0$. $f'(x) = \alpha \cdot x^{\alpha-1}$.

(iv) $f(x) = \sin x$, $x \in \left[-\dfrac{\pi}{2}, \dfrac{\pi}{2}\right]$;

Umkehrfunktion: $g(y) = \arcsin y$, $y \in [-1,1]$. **(Arcussinus)**

$$g'(y) = \frac{1}{\sqrt{1-y^2}}, \text{ für } |y| < 1.$$

(v) $f(x) = \cos x$, $x \in [0,\pi]$;

Umkehrfunktion: $g(y) = \arccos y$, $y \in [-1,1]$. **(Arcuscosinus)**

$$g'(y) = -\frac{1}{\sqrt{1-y^2}}, \quad |y| < 1.$$

(vi) $f(x) = \tan x = \dfrac{\sin x}{\cos x}$, $x \in \left(-\dfrac{\pi}{2}, \dfrac{\pi}{2}\right)$; *(vgl. Abbildung 5.4)*

Umkehrfunktion: $g(y) = \arctan y$, $y \in \mathbb{R}$. **(Arcustangens)**

$$g'(y) = \frac{1}{1+y^2}, \quad y \in \mathbb{R}.$$

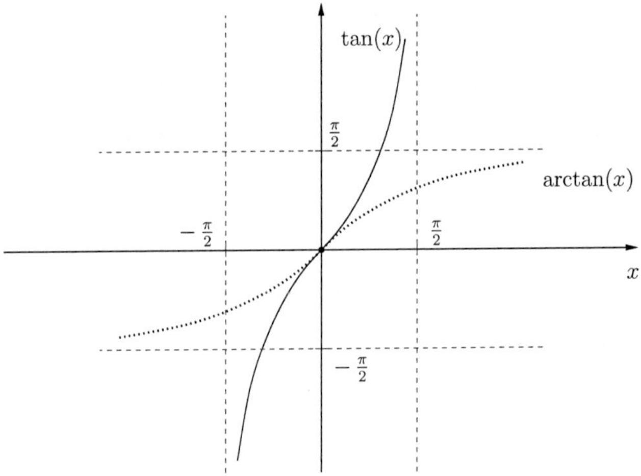

Abbildung 5.4: Tangens und Arcustangens

(vii) $f(x) = \cot x = \dfrac{\cos x}{\sin x}, \quad x \in (0, \pi)\ ;$

Umkehrfunktion: $g(y) = arccot\, y\,, \quad y \in \mathbb{R}\ .$ **(Arcuscotangens)**

$$g'(y) = -\frac{1}{1+y^2}, \quad y \in \mathbb{R}\ .$$

Lemma 5.3.15 (Verallgemeinerter Mittelwertsatz)

Seien $f, g\colon [a,b] \to \mathbb{R}$ *stetig auf* $[a,b]$ *und differenzierbar auf* (a,b). *Ferner sei* $g'(x) \neq 0 \quad \forall\ x \in (a,b)$. *Dann gibt es mindestens ein* $\xi \in (a,b)$, *so dass gilt:*

$$\frac{f(b) - f(a)}{g(b) - g(a)} = \frac{f'(\xi)}{g'(\xi)}\ . \tag{3.10}$$

Satz 5.3.16 (de l'Hospitalsche[2] Regel)

Seien f *und* g *auf* (a,b) *differenzierbar und* $g'(x) \neq 0 \quad \forall\ x \in (a,b)$. *Ferner sei*

(i) $\lim\limits_{x \nearrow b} f(x) = \lim\limits_{x \nearrow b} g(x) = \alpha \quad mit \quad \alpha \in \{0, \infty\}$

und

(ii) $\lim\limits_{x \nearrow b} \dfrac{f'(x)}{g'(x)} = \beta \in \mathbb{R} \cup \{\pm\infty\}.$

[2] **Guillaume F. de l'Hospital (1661–1704), franzsischer Mathematiker**

Dann gilt:

$$\lim_{x \nearrow b} \frac{f(x)}{g(x)} = \lim_{x \nearrow b} \frac{f'(x)}{g'(x)} \tag{3.11}$$

Ein analoger Satz gilt für $x \searrow a\,,\ x \to \infty\,,\ x \to -\infty$ *(statt* $x \nearrow b$*).*

Beispiel 5.3.17 (i) $\lim\limits_{x \to 0} \dfrac{1 - \cos(x)}{x} = 0$

(ii) $\lim\limits_{x \to 0} \dfrac{1 - \cos(x)}{x^2} = \dfrac{1}{2}$

Kapitel 6

Integration

6.1 Das bestimmte Integral

Definition 6.1.1 (Zerlegung)

Sei $a < b$. Unter einer **Zerlegung** $\mathcal{Z} = \{x_0, x_1, ..., x_n\}$ *von* $[a, b]$ *verstehen wir Zahlen* $x_0, ..., x_n \in [a, b]$ *mit*

$$a = x_0 < x_1 < ... < x_{n-1} < x_n = b . \tag{1.1}$$

Die Zahl

$$\delta(\mathcal{Z}) := \max_{1 \leq i \leq n} [x_i - x_{i-1}] > 0 \tag{1.2}$$

heißt **Feinheit** *der Zerlegung.*

Wir wollen unsere Integrationstheorie auf folgende Funktionenklasse beschränken.

Definition 6.1.2 (Stückweise stetig)

Sei $f : [a, b] \to \mathbb{R}$ *eine reelle Funktion.* f *heißt auf* $[a, b]$ **stückweise stetig**, *wenn es eine Zerlegung* $\mathcal{Z} = \{x_0, ..., x_n\}$ *von* $[a, b]$ *gibt, so dass*

(i) f *auf* (x_{i-1}, x_i) *stetig ist für alle* $i = 1, ..., n$

(ii) *die einseitigen Grenzwerte* $\lim\limits_{x \nearrow x_i} f(x)$ *und* $\lim\limits_{x \searrow x_{i-1}} f(x)$ *existieren in* $\mathbb{R}$ *für alle* $i = 1, ..., n$.

Definition 6.1.3 (Riemann[1] Summe)

Sei $f : [a, b] \to \mathbb{R}$ *eine reelle Funktion.* $\mathcal{Z} = \{x_0, ..., x_n\}$ *sei Zerlegung von* $[a, b]$, $\vec{\xi} = (\xi_1, ..., \xi_n)$ *ein Vektor von* **Zwischenpunkten** *mit* $\xi_i \in [x_{i-1}, x_i]$ *für alle* $i = 1, ..., n$. *Dann heißt*

$$S = S(\mathcal{Z}, \vec{\xi}, f) := \sum_{i=1}^{n} f(\xi_i) \cdot (x_i - x_{i-1}) \tag{1.3}$$

[1] **Georg F. Riemann (1826–1866), deutscher Mathematiker**

eine **Riemann Summe** *von f zur Zerlegung $\mathcal{Z}$ und zu den Zwischenpunkten $\vec{\xi}$* **(Stützstellenvektor)** *(vgl. Abbildung 6.1).*

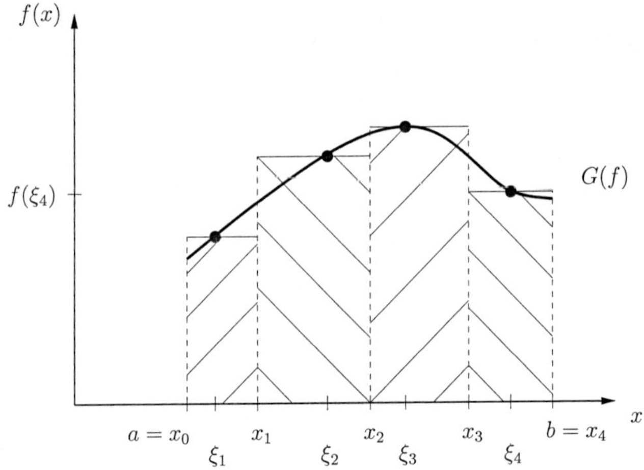

Abbildung 6.1: Riemannsche Summe

Geometrische Interpretation: Wählt man die Feinheit $\delta(\mathcal{Z})$ der Zerlegung immer kleiner, so approximiert die Summe in (1.3) den

Flächeninhalt zwischen dem Graphen von f und der x–Achse.

Definition 6.1.4 (Riemann–Integrierbarkeit)

Sei $f\colon [a,b] \to \mathbb{R}$ reelle Funktion und $(\mathcal{Z}_m)_{m\in\mathbb{N}}$ eine beliebige Folge von Zerlegungen von $[a,b]$ mit $\delta(\mathcal{Z}_m) \searrow 0\,(m \to \infty)$, und $\vec{\xi}_m$ ein beliebiger Stützstellenvektor für $\mathcal{Z}_m$. Falls der Grenzwert

$$\lim_{m\to\infty} S(\mathcal{Z}_m, \vec{\xi}_m; f) \tag{1.4}$$

existiert und für jede solche Folge von Zerlegungen gleich ist, dann heißt f **Riemann–integrierbar**. *Die Zahl*

$$\int_a^b f(x)\,dx := \lim_{m\to\infty} S(\mathcal{Z}_m, \vec{\xi}_m; f) \in \mathbb{R} \tag{1.5}$$

heißt **bestimmtes Integral** *von f über $[a,b]$, die Randpunkte heißen* **Integrationsgrenzen**.

Beispiel 6.1.5 (i) $f(x) = c = konstant.$ $S(\mathcal{Z}, \vec{\xi}; f) = c \cdot (b-a) = \int\limits_a^b c\,dx.$

(ii) $f(x) = x$. *Betrachte die* **äquidistante** *Zerlegung* $\mathcal{Z} = \mathcal{Z}_m := \{x_0, x_1, ..., x_m\}$ *mit* $x_0 = a$ *und* $x_i = x_0 + h \cdot i$, $i = 1, ..., m$, *wobei* $h = \frac{b-a}{m}$. *Wählen wir als Stützstellen* $\vec{\xi}_m = (\xi_1, ..., \xi_m)$

$$\xi_i := x_i \in [x_{i-1}, x_i]\,, \quad i = 1, ..., m\,,$$

dann gilt $S(\mathcal{Z}_m, \vec{\xi}_m, f) \to \frac{1}{2}(b^2 - a^2)$ *für* $(m \to \infty)$.

Definition 6.1.6 (Obersumme/Untersumme)
Sei $f\colon [a,b] \to \mathbb{R}$ *stückweise stetig und* $\mathcal{Z} = \{x_0, ..., x_n\}$ *eine Zerlegung von* $[a,b]$. *Dann heißt*

$$O(\mathcal{Z}; f) := \sum_{i=1}^{n} M_i \cdot (x_i - x_{i-1})\,, \quad \text{wobei} \quad M_i := \sup_{x \in [x_{i-1}, x_i]} f(x) \tag{1.6}$$

Obersumme *von* f *zur Zerlegung* $\mathcal{Z}$. *Analog heißt*

$$U(\mathcal{Z}; f) := \sum_{i=1}^{n} N_i \cdot (x_i - x_{i-1})\,, \quad \text{wobei} \quad N_i := \inf_{x \in [x_{i-1}, x_i]} f(x) \tag{1.7}$$

Untersumme *von* f *zur Zerlegung* $\mathcal{Z}$.

Satz 6.1.7 *Sei* $f\colon [a,b] \to \mathbb{R}$ *stückweise stetig. Dann ist* f *Riemann–integrierbar.*

Der **Beweis** benötigt folgende Definitionen:

Zur Zerlegung $\mathcal{Z}_m = \{x_0 = a\,,\ x_1, ..., x_n = b\}$ von $[a,b]$ sei $O_m := O(\mathcal{Z}_m; f)$ und $U_m := U(\mathcal{Z}_m; f)$ die Ober/Untersumme von f. Für jeden Stützstellenvektor $\vec{\xi}_m = (\xi_1, ..., \xi_n)$ mit $\xi_i \in [x_{i-1},\, x_i]$ gilt dann

$$N := \min_{x \in [a,b]} f(x) \le N_i \le f(\xi_i) \le M_i \le M := \max_{x \in [a,b]} f(x)\,.$$

Es folgt für $S_m := S(\mathcal{Z}_m, \vec{\xi}_m; f)$

$$N \cdot (b-a) \le U_m \le S_m \le O_m \le M \cdot (b-a) \tag{1.8}$$

und schließlich $\lim\limits_{m\to\infty} U_m = \lim\limits_{m\to\infty} S_m = \lim\limits_{m\to\infty} O_m$.

Beispiel 6.1.8 (i) $f(x) = \begin{cases} 0\,, & \text{für } x \in \mathbb{Q} \cap [0,1] \\ 1\,, & \text{für } x \in [0,1]\,,\ x \notin \mathbb{Q} \end{cases}$ *ist nicht Riemann–integrierbar.*

(ii) $\int\limits_a^b x\,dx = \frac{1}{2}\left(b^2 - a^2\right)$

Bemerkung: Es gibt Riemann–integrierbare Funktionen, die nicht stückweise stetig sind.

Zur Vermeidung von **Fallunterscheidungen** setzen wir im Folgenden

$$\int\limits_a^a f(x)\,dx := 0 \quad \text{und} \quad \int\limits_b^a f(x)\,dx := -\left[\int\limits_a^b f(x)\,dx\right] \quad \text{für} \quad a < b\,. \tag{1.9}$$

Satz 6.1.9 (i) *Es seien $f, g\colon [a,b] \to \mathbb{R}$ stückweise stetig. Dann ist auch $\alpha f + \beta g$ stückweise stetig (α, $\beta \in \mathbb{R}$ beliebig) und es gilt*

$$\int\limits_a^b [\alpha f + \beta g]\,(x)\,dx = \alpha \cdot \int\limits_a^b f(x)\,dx + \beta \cdot \int\limits_a^b g(x)\,dx. \tag{1.10}$$

D.h. $C_{st}[a,b] := \{f\colon [a,b] \to \mathbb{R}\,,\ f$ ist stückweise stetig$\}$ ist ein Vektorraum über dem Körper $\mathbb{R}$ und das Integral $I\colon C_{st}[a,b] \to \mathbb{R}\,,\ f \mapsto I(f) := \int\limits_a^b f(x)\,dx$ ist eine lineare Abbildung.

(ii) *Ist $f \in C_{st}[a,b]$ und $c \in [a,b]$, dann ist auch $f|_{[a,c]}$ und $f|_{[c,b]}$ stückweise stetig und es gilt*

$$\int\limits_a^b f(x)\,dx = \int\limits_a^c f(x)\,dx + \int\limits_c^b f(x)\,dx\,. \tag{1.11}$$

(iii) *Sind $f : [a,c] \to \mathbb{R}$ und $f : [c,b] \to \mathbb{R}$ jeweils stückweise stetig, dann ist auch $f : [a,b] \to \mathbb{R}$ stückweise stetig und es gilt wieder (1.11).*

6.2 Integralungleichungen und Mittelwertsätze

Bevor wir Integrale tatsächlich berechnen, benötigen wir noch einige Hilfsmittel.

Satz 6.2.1 (Integralabschätzungen)

Seien $f, g\colon [a,b] \to \mathbb{R}$ stückweise stetig.

(i) *Ist* $f(x) \geq 0 \quad \forall\ x \in [a,b]$, *dann ist* $\int\limits_a^b f(x)\,dx \geq 0.$

(ii) *Ist* $f(x) \geq g(x) \quad \forall\ x \in [a,b]$, *dann ist* $\int\limits_a^b f(x)\,dx \geq \int\limits_a^b g(x)\,dx.$

(iii) *Ist* $N \leq f(x) \leq M \quad \forall\ x \in [a,b]$, *dann ist*

$$N \cdot (b-a) \;\leq\; \int\limits_a^b f(x)\,dx \;\leq\; M \cdot (b-a). \tag{2.1}$$

(iv) *Auch $|f|$ ist stückweise stetig und es gilt*

$$\left| \int\limits_a^b f(x)\,dx \right| \;\leq\; \int\limits_a^b |\,f(x)|\;dx. \tag{2.2}$$

Satz 6.2.2 *Es seien $f, g\colon [a,b] \to \mathbb{R}$ stückweise stetige Funktionen. Dann gilt*

$$\left| \int\limits_a^b f(x)\,g(x)\,dx \right| \;\leq\; \sqrt{\int\limits_a^b |\,f(x)|^2\;dx} \cdot \sqrt{\int\limits_a^b |\,g(x)|^2\;dx} \tag{2.3}$$

(Cauchy[2]–Schwarzsche[3] Ungleichung) *und*

$$\sqrt{\int\limits_a^b (f\,+\,g)^2\,(x)\,dx} \;\leq\; \sqrt{\int\limits_a^b |\,f(x)|^2\;dx} \;+\; \sqrt{\int\limits_a^b |\,g(x)|^2\;dx} \tag{2.4}$$

(Minokowskische[4] Ungleichung; Dreiecksungleichung).

---

[2]**Augustin L. Cauchy (1789–1857)**
[3]**Hermann A. Schwarz (1843–1921), deutscher Mathematiker**
[4]**Hermann Minokowski (1864–1909), deutscher Mathematiker**

Satz 6.2.3 (Verallgemeinerter Mittelwertsatz der Integralrechnung)
Seien $f\colon [a,b] \to \mathbb{R}$ stetig, $g\colon [a,b] \to \mathbb{R}$ stückweise stetig mit $g(x) \geq 0 \quad \forall\, x \in [a,b]$. Dann gibt es (mindestens) ein $\xi \in [a,b]$, so dass gilt:

$$\int_a^b f(x)\,g(x)\,dx \;=\; f(\xi)\cdot\int_a^b g(x)\,dx \tag{2.5}$$

Die Behauptung des Satzes gilt auch für $g(x) \leq 0$.

Satz 6.2.4 (Mittelwertsatz der Integralrechnung)
Sei $f\colon [a,b] \to \mathbb{R}$ stetig, dann gibt es (mindestens) ein $\xi \in [a,b]$, so dass gilt:

$$\int_a^b f(x)\,dx \;=\; f(\xi)\cdot(b-a) \tag{2.6}$$

Achtung: Die Stetigkeit von f ist unbedingt notwendig!

Konstruktion neuer Funktionen

Nach Satz 6.1.9 gilt für eine Funktion $f \in C_{st}[a,b]$ insbesondere, dass sie auf jedem Intervall $[a,x]$ mit $a \leq x \leq b$ stückweise stetig und damit Riemann–integrierbar ist. Damit ist also die reelle Funktion $\Phi\colon [a,b] \to \mathbb{R}$,

$$x \;\mapsto\; \Phi(x) \;:=\; \int_a^x f(s)\,ds \tag{2.7}$$

erklärt.

Satz 6.2.5 *Sei $f \in C_{st}[a,b]$, $\Phi\colon [a,b] \to \mathbb{R}$ wie in (2.7) definiert. Dann gibt es eine Konstante $L > 0$, so dass*

$$|\,\Phi(x) \;-\; \Phi(y)| \;\leq\; L\cdot|x-y| \qquad \forall\; x,y \in [a,b] \tag{2.8}$$

gilt. Insbesondere ist Φ eine stetige Funktion.

Bemerkung 6.2.6 *Funktionen $\Phi\colon [a,b] \to \mathbb{R}$ mit der Eigenschaft (2.8) heißen* **Lipschitz–stetig**.

6.3 Die Hauptsätze der Differential- und Integralrechnung

Ziel: Differentiation und Integration sind zueinander inverse Prozesse.

Satz 6.3.1 (Erster Hauptsatz der Differential- und Integralrechnung (HDI))
Sei $f \in C_{st}[a,b]$ *in* $x_0 \in (a,b)$ *stetig und* $F(x) := \int_a^x f(s)\,ds$. *Dann ist* $F\colon [a,b] \to \mathbb{R}$ *in* x_0 *differenzierbar und es gilt*

$$F'(x_0) \;=\; f(x_0)\,, \quad \text{d.h.} \quad \frac{d}{dx}\left[\int_a^x f(s)\,ds\right]\Bigg|_{x=x_0} \;=\; f(x_0)\,. \tag{3.1}$$

Definition 6.3.2 *Sei* $f\colon I \to \mathbb{R}$ *eine reelle Funktion,* I *ein offenes Intervall und* $F\colon I \to \mathbb{R}$ *auf* I *differenzierbar. Dann heißt* F *eine* **Stammfunktion** *zu* f *in* I, *wenn*

$$F'(x) \;=\; f(x) \qquad \forall\; x \in I \tag{3.2}$$

gilt.

Beispiele 6.3.3 **(i)** $F(x) = \sin(x)$ *ist Stammfunktion von* $f(x) = \cos(x)$

(ii) $F(x) = e^x + 100$ *für* $x \in \mathbb{R}$ *ist Stammfunktion von* $f(x) = e^x$.

(iii) *Für* $I = \mathbb{R}^+$ *oder* $I = \mathbb{R}^- = \{x\colon x < 0\}$ *ist* $F(x) = \log|x|\,,\; x \in I$, *eine Stammfunktion von* $f(x) = \frac{1}{x}\,,\; x \in I$.

(iv) *Sei* $\alpha \in \mathbb{R} \setminus \{-1\}$ *ein reeller Parameter. Dann ist*

$$F(x) \;=\; \frac{1}{1+\alpha}\, x^{1+\alpha}\,, \quad x \in (0,\infty),$$

eine Stammfunktion von $f(x) = x^{\alpha}$.

Lemma 6.3.4 *Seien* F_1 *und* F_2 *Stammfunktionen von* f *auf* I. *Dann existiert ein* $c \in \mathbb{R}$, *so dass*

$$F_1(x) \;=\; F_2(x) \;+\; c\,, \qquad \forall\; x \in I\,.$$

Satz 6.3.5 (Zweiter Hauptsatz der Differential- und Integralrechnung (HDI))
Sei $I \subset \mathbb{R}$ *ein offenes Intervall und* $F\colon I \to \mathbb{R}$ *eine Stammfunktion zu* $f\colon I \to \mathbb{R}$.
Ist dann für $a, b \in I$ *mit* $a < b$ *die Funktion* $f \in C_{st}[a,b]$, *so gilt*

$$\int_a^b f(x)\,dx \;=\; F(b) \;-\; F(a) \;=:\; F(x)\Big|_{x=a}^{x=b}\,. \tag{3.3}$$

Warnung: Nicht jede Funktion $f \in C_{st}[a,b]$ hat eine Stammfunktion.

Definition 6.3.6 (unbestimmtes Integral)

Die Menge aller Stammfunktionen $F\colon (a,b) \to \mathbb{R}$ *von* $f\colon (a,b) \to \mathbb{R}$ *wird mit* $\int f(x)\,dx$ *bezeichnet und heißt* **unbestimmtes Integral** *von* f.

Wegen Lemma 6.3.4 gilt demnach

$$\int f(x)\,dx \;=\; \{F(x) + c\colon c \in \mathbb{R}\} \quad \text{oder kurz} \quad \int f(x)\,dx \;=\; F(x) + c\,, \tag{3.4}$$

sofern F eine Stammfunktion von f ist.

Beispiele:

(i) $\displaystyle\int \cos x\,dx \;=\; \sin x + c$

(ii) $\displaystyle\int \frac{1}{x}\,dx \;=\; \log|x| + c\,, \quad x \neq 0$

(iii) $\displaystyle\int x^\alpha\,dx \;=\; \frac{1}{1+\alpha}\cdot x^{1+\alpha} + c\,, \quad \alpha \neq -1$

(iv) $\displaystyle\int e^x\,dx \;=\; e^x + c$

6.4 Partielle Integration. Substitutionsregel

Ziele: „Inverse" Regeln zu Produkt- und Kettenregel beim Differenzieren.

Satz 6.4.1 (Partielle Integration)

Es seien f, g *auf* (a,b) *differenzierbar und* f, f', g, g' *auf* $[a,b]$ *stückweise stetig. In* a *bzw.* b *seien* f, g *rechtsseitig bzw. linksseitig stetig. Dann gilt*

$$\int_a^b f(x)\,g'(x)\,dx \;=\; f(b)\,g(b) \;-\; f(a)\,g(a) \;-\; \int_a^b f'(x)\,g(x)\,dx\,. \tag{4.1}$$

Beispiele 6.4.2 (i) $\displaystyle\int_0^1 x\cdot e^x \;=\; x\cdot e^x\Big|_0^1 \;-\; \int_0^1 1\cdot e^x\,dx \;=\; 1$

(ii) $$\int_0^\pi x^2 \sin x\, dx = x^2 \cdot (-\cos x)\Big|_0^\pi - \int_0^\pi 2x(-\cos x)\, dx$$
$$= \pi^2 + 2\left[x \cdot \sin x\Big|_0^\pi - \int_0^\pi 1 \cdot \sin x\, dx\right] = \pi^2 - 4$$

(iii) $$\int_1^y \log x\, dx = x \cdot \log x\Big|_1^y - \int_1^y x \cdot \frac{1}{x}\, dx = y \cdot \log y - (y-1)$$

(iv) $$\int_0^{\pi/2} \sin x \, \cos x\, dx = \frac{1}{2}$$

(v) $$\int_0^\pi \sin^2(x)\, dx = \int_0^\pi \cos^2 x\, dx = \int_0^\pi (1 - \sin^2 x)\, dx \quad \text{und damit} \quad \int_0^\pi \sin^2 x\, dx = \frac{\pi}{2}$$

(vi) $$\int_0^{\pi/4} \tan x = -\log(\cos(x))\Big|_0^{\frac{\pi}{4}} = -\log\left(\frac{\sqrt{2}}{2}\right)$$

Die **„Umkehrung“** der **Kettenregel** ist im nächsten Satz formuliert:

Satz 6.4.3 (Substitutionsregel)

Seien $f, f'\colon [a,b] \to \mathbb{R}$ und $g\colon [c,d] \to \mathbb{R}$ stetige Funktionen mit Wertebereich $\mathcal{W}(f) \subset [c,d]$. Dann gilt

$$\int_A^B g(y)\, dy = \int_a^b g(f(x)) \cdot f'(x)\, dx \quad \text{mit } A = f(a)\,,\ B = f(b)\,. \tag{4.2}$$

Wichtig: Wir setzen nicht voraus, dass f monoton ist.

Beispiele 6.4.4 (i) $$\int_0^2 x \cdot e^{x^2}\, dx = \int_0^4 e^y \cdot \frac{1}{2}\, dy = \frac{1}{2}\left(e^4 - 1\right)\,.$$

$$\left(\textit{Substitution} \quad y := x^2\,;\ \frac{dy}{dx} = 2x\right)$$

Merke: *Ist der Integrand von der Form $g(f(x)) \cdot f'(x)$, dann substituieren wir $y := f(x)$ und erhalten mit (4.2)*

$$\int_a^b g(f(x))\, f'(x)\, dx = \int_a^b g(f(x))\, \frac{dy}{dx}\, dx = \int_{f(a)}^{f(b)} g(y)\, dy\,.$$

(ii) $$\int_0^{\pi} x^2 \sin(2x^3)\, dx = \int_0^{2\pi^3} \sin(y) \cdot \frac{1}{6}\, dy \qquad \left(y := 2x^3;\ \frac{dy}{dx} = 6x^2\right).$$

(iii) $$\int_1^2 \frac{(\log x)^2}{x}\, dx = \int_0^{\log 2} y^2\, dy \qquad \left(y := \log x;\ \frac{dy}{dx} = \frac{1}{x}\right).$$

Korollar 6.4.5 *Sei $\varphi\colon [a,b] \to \mathbb{R}$ stetig differenzierbar (am Rand einseitig) und $\varphi(t) \neq 0$ in $[a,b]$. Dann gilt:*

$$\int_a^b \frac{\varphi'(t)}{\varphi(t)}\, dt = \int_{\varphi(a)}^{\varphi(b)} \frac{du}{u} = \log|u|\,\Big|_{\varphi(a)}^{\varphi(b)} \qquad \left(u = \varphi(t);\ \frac{du}{dt} = \varphi'(t)\right) \tag{4.3}$$

Man kann die Substitutionsregel auch „rückwärts“ anwenden:

Korollar 6.4.6 (inverse Substitutionsregel)

Sei $\varphi\colon [\alpha,\beta] \to \mathbb{R}$ stetig differenzierbar, $\varphi' \neq 0$ auf $[\alpha,\beta]$ und $u\colon [\gamma,\delta] \to \mathbb{R}$ stetig auf $[\gamma,\delta]$ mit Wertebereich $\mathcal{W}(\varphi) \subset [\gamma,\delta]$. Dann gilt

$$\int_{\alpha}^{\beta} u(\varphi(\eta))\, d\eta = \int_{\varphi(\alpha)}^{\varphi(\beta)} u(\xi)\, \psi'(\xi)\, d\xi\,, \tag{4.4}$$

wobei $\psi\colon [a,b] \to \mathbb{R}$ die zu φ inverse Funktion ist mit $a := \min\{\varphi(\alpha), \varphi(\beta)\}$ und $b := \max\{\varphi(\alpha), \varphi(\beta)\}$.

Bemerkung: Obiges Korollar ist auch noch richtig, wenn wir statt $\varphi' \neq 0$ nur φ streng monoton fordern. Da dann allerdings ψ' unbeschränkt sein könnte, benötigen wir eine Erweiterung des Integralbegriffs (vgl. uneigentliche Integrale in Sektion 6.9)

Beispiele 6.4.7 (i) $$\int_1^2 \frac{e^{3\eta}}{e^{2\eta} - 1}\, d\eta = \int_e^{e^2} \frac{\xi^3}{\xi^2 - 1}\, \frac{1}{\xi}\, d\xi\,,$$ *wobei* $u(\xi) = \dfrac{\xi^3}{\xi^2 - 1}$

und $\varphi(\eta) = e^{\eta}$ *mit Umkehrfunktion* $\psi(\xi) = \log \xi$ *und* $\psi'(\xi) = \dfrac{1}{\xi}$.

Wegen $\frac{1}{\xi^2 - 1} = \frac{1}{2}\left[\frac{1}{\xi - 1} - \frac{1}{\xi + 1}\right]$ *ist*

$$\int_e^{e^2} \frac{d\xi}{\xi^2 - 1} = \frac{1}{2} \log \left|\frac{\xi - 1}{\xi + 1}\right| \Big|_{\xi = e}^{\xi = e^2} .$$

(ii) *Mit* $\sqrt{1 - \eta^2} = \sqrt{1 - \sin^2(\arcsin \eta)}$ *erhalten wir für* $-1 \leq \alpha < \beta \leq 1$ *und* $a = \arcsin \alpha\,,\ b = \arcsin \beta$

$$\int_\alpha^\beta \sqrt{1 - \eta^2}\, d\eta = \int_a^b u(\xi) \cdot \psi'(\xi)\, d\xi = \int_a^b (\cos \xi)^2\, d\xi\,,$$

wobei $\varphi(\eta) = \arcsin(\eta)\,,\ \psi(\xi) = \varphi^{-1}(\xi) = \sin(\xi)$ *und* $u(\xi) = \sqrt{1 - \sin^2 \xi} = + \cos \xi\,,\ \xi \in [a, b] \subset \left[-\frac{\pi}{2}, \frac{\pi}{2}\right]$. *Weitere Rechnung ergibt*

$$\int_\alpha^\beta \sqrt{1 - \eta^2}\, d\eta = \frac{1}{2}\left(\arcsin \eta + \eta\sqrt{1 - \eta^2}\right)\Big|_\alpha^\beta .$$

Speziell für $\alpha = -1\,,\ \beta = 1$ erhalten wir den Flächeninhalt eines Halbkreises mit Radius 1:

$$\int_{-1}^1 \sqrt{1 - x^2}\, dx = \frac{\pi}{2} \tag{4.5}$$

6.5 Das unbestimmte Integral

Ist F eine Stammfunktion von f, so gilt wegen Lemma 6.3.4

$$\int f(x)\, dx = \{F + c\colon\ c \in \mathbb{R}\} . \tag{5.1}$$

Der Einfachheit halber lässt man aber oft die Mengenklammern weg:

$$\int f\, dx = F + c,\ \ c \in \mathbb{R} \tag{5.2}$$

Aus (1.10) wird dann etwa

$$\int (\alpha f + \beta g)\, dx = \alpha \int f\, dx + \beta \int g\, dx \qquad (\alpha, \beta \in \mathbb{R}) . \tag{5.3}$$

Die Regel der partiellen Integration liest sich so:

$$\int fg'\,dx = fg - \int f'g\,dx \tag{5.4}$$

oder

$$\int fg'\,dx + \int f'g\,dx = fg + c, \quad c \in \mathbb{R} \tag{5.5}$$

Bemerkung 6.5.1 *Addition und Skalarmultiplikation von Mengen von Funktionen*

$$M = \Big\{ f\colon [a,b] \to \mathbb{R} \Big\} \quad \textit{und} \quad N = \Big\{ g\colon [a,b] \to \mathbb{R} \Big\}.$$

Für $\alpha \in \mathbb{R}$ *setze*

$$\alpha \cdot M + N := \Big\{ h\colon [a,b] \to \mathbb{R} : \ \exists\, f \in M \ \textit{und} \ \exists\, g \in N \ \textit{mit:} \\ h(x) = \alpha \cdot f(x) + g(x), \ \forall\, x \in [a,b] \Big\}.$$

Beispiele 6.5.2 (i) $\displaystyle\int xe^x\,dx = xe^x - e^x + c, \quad c \in \mathbb{R}$

(ii) $\displaystyle\int e^{ax} \sin bx\,dx = \frac{e^{ax}}{a^2 + b^2}(a \sin bx - b \cos bx) + c, \quad c \in \mathbb{R}$

Auch die Substitutionsregel lässt sich für unbestimmte Integrale schreiben:

$$\int g(f(x)) \cdot f'(x)\,dx = G(f(x)) + c, \quad c \in \mathbb{R}, \tag{5.6}$$

wenn G eine Stammfunktion von g, also $G' = g$, ist.

Weil $G(y) = \int_A^y g(x)\,dx$ eine solche Stammfunktion von g ist, kann man statt (5.6) auch schreiben:

$$\int g(f(x)) \cdot f'(x)\,dx = \int g(t)\,dt\Big|_{t=f(x)} = G(t)\Big|_{t=f(x)} + c = G(f(x)) + c \tag{5.7}$$

Beispiel:

$$\int \frac{\cos x}{5 + \sin x}\,dx = \int \frac{dt}{5+t}\Big|_{t=\sin(x)} = \log(5 + \sin x) + c, \quad c \in \mathbb{R} \tag{5.8}$$

Für die inverse Substitutionsregel erhält man analog

$$\int g(f(x))\,dx \;=\; \int g(t)\cdot\psi'(t)\,dt\Big|_{t=f(x)}, \quad \text{wobei } f^{-1} = \psi\,. \tag{5.9}$$

Beispiel:

$$\int \frac{e^{3\eta}}{e^{2\eta}-1}\,d\eta \;=\; \int \frac{t^3}{t^2-1}\cdot\frac{1}{t}\,dt\Big|_{t=e^\eta} \;=\; e^\eta + \frac{1}{2}\log\left|\frac{e^\eta-1}{e^\eta+1}\right| + c, \quad c\in\mathbb{R} \tag{5.10}$$

Allgemein gilt

$$\int \frac{P(e^\eta)}{Q(e^\eta)}\,d\eta \;=\; \int \frac{P(\xi)}{Q(\xi)}\,\frac{1}{\xi}\,d\xi\Big|_{\xi=e^\eta}, \tag{5.11}$$

insbesondere wenn P und Q Polynome sind.

Definition 6.5.3 *Unter einem* **Polynom** $P(u,v)$ *der beiden reellen Variablen* u *und* v *verstehen wir einen Ausdruck der Form*

$$P(u,v) \;=\; \sum_{\substack{k+\ell=0\\ k,\ell\geq 0}}^{n} a_{k\ell}\,u^k\,v^\ell \tag{5.12}$$

mit $a_{k\ell}\in\mathbb{R}$. *Dabei sei* $n\in\mathbb{N}$ *und mindestens ein Koeffizient* $a_{k\ell}\neq 0$ *mit* $k+\ell=n$. *Wir nennen dann* n *den* **Grad** *des Polynoms. Sind* P *und* Q *zwei solche Polynome vom Grad* n *bzw.* m, *so heißt*

$$R(u,v) \;=\; \frac{P(u,v)}{Q(u,v)} \tag{5.13}$$

eine **rationale Funktion** *der beiden reellen Variablen* u *und* v.

Ziel: Integration von $\int R(\sin x\,,\,\cos x)\,dx\,$, wobei R eine rationale Funktion ist.

Halbwinkelmethode

Lemma 6.5.4 *Für* $x\in\mathbb{R}$ *gilt:*

(i) $\sin x \;=\; \dfrac{2\,\tan\frac{x}{2}}{1+\tan^2\frac{x}{2}}$ **(ii)** $\cos x \;=\; \dfrac{1-\tan^2\frac{x}{2}}{1+\tan^2\frac{x}{2}}$

Setzt man

$$\overline{R}(y) := R\left(\frac{2y}{1+y^2}, \frac{1-y^2}{1+y^2}\right),$$

so gilt $R(\sin x, \cos x) = \overline{R}\left(\tan\frac{x}{2}\right)$ und damit für $\varphi(x) = \tan\frac{x}{2}$ und $\psi(y) = 2\arctan y$

$$\int_{\alpha}^{\beta} R(\sin x, \cos x)\,dx = \int_{\varphi(\alpha)}^{\varphi(\beta)} \overline{R}(y)\cdot\psi'(y)\,dy = \int_{\varphi(\alpha)}^{\varphi(\beta)} R\left(\frac{2y}{1+y^2}, \frac{1-y^2}{1+y^2}\right)\cdot\frac{2}{1+y^2}\,dy\,.$$

Beispiele 6.5.5 (i)

$$\int \frac{\cot x}{1+\cos x}\,dx = \frac{1}{2}\log\left|\tan\frac{x}{2}\right| - \frac{1}{4}\tan^2\frac{x}{2} + c, \quad c\in\mathbb{R} \tag{5.14}$$

(ii) $\int \tan^2 x\,dx = \tan x - x + c, \quad c\in\mathbb{R}$

6.6 Integration rationaler Funktionen

Wir geben in vier Schritten an, wie man Integrale der Form

$$\int R(x)\,dx\,, \qquad R(x) = \frac{P_n(x)}{Q_m(x)}, \tag{6.1}$$

P_n, Q_m Polynome vom Grad n bzw. m mit reellen Koeffizienten berechnet.

1. Schritt: (Division mit Rest; vgl. Satz 2.2.6)

$$R(x) = S_{n-m}(x) + \frac{T_k(x)}{Q_m(x)}, \text{ mit } k < m\,.$$

Da $\int S_{n-m}(x)\,dx$ bekannt ist, genügt es

$$\tilde{R}(x) = \frac{T_k(x)}{Q_m(x)} \quad \text{mit } k < m \quad \text{zu betrachten}\,. \tag{6.2}$$

2. Schritt: Bestimmung der Nullstellen von Q_m.

Man kann zeigen, dass Q_m sich als Produkt von Polynomen ersten **(Linearfaktoren)** und zweiten **(quadratische Faktoren)** Grades schreiben lässt (vgl. Kapitel 2 (2.2)):

$$Q_m(x) = c\,(x^2+\beta_1 x+\gamma_1)\cdot\ldots\cdot(x^2+\beta_\ell x+\gamma_\ell)\cdot(x-\mu_{2\ell+1})\cdot\ldots\cdot(x-\mu_m) \qquad (6.3)$$

Hierbei besitzen die quadratischen Ausdrücke $x^2 + \beta_j x + \gamma_j$ keine reellen Nullstellen, d.h. $D_j := \beta_j^2 - 4\gamma_j < 0$. Alle Konstanten in (6.3) sind reell. Insbesondere sind $\beta_j, \gamma_j \in \mathbb{R}$, $j = 1, \ldots, \ell$. Die Konstanten $\mu_j \in \mathbb{R}$, $j = 2\ell+1, \ldots, m$, sind alle reellen Nullstellen von Q_m. Inklusive der komplexen Nullstellen ergibt sich als Nullstellenmenge von Q_m

$$\left\{ \begin{array}{l} \mu_j^{\pm} = -\frac{\beta_j}{2} \pm i\sqrt{\gamma_j - \frac{\beta_j^2}{4}}, \quad j = 1, \ldots, \ell \\ \mu_{2\ell+1}, \ldots, \mu_m \end{array} \right\}. \qquad (6.4)$$

Da manche der quadratischen oder linearen Funktionen mehrfach auftreten können, nummerieren wir um:

$$Q_m(x) = \prod_{j=1}^{p} (x^2 + b_j x + c_j)^{s_j} \cdot \prod_{k=1}^{q} (x - x_k)^{r_k} \qquad (6.5)$$

mit $2(s_1 + \ldots + s_p) + r_1 + \ldots + r_q = m$ und $x_j \neq x_k$, $(b_j, c_j) \neq (b_k, c_k)$ $\forall\, j, k$ mit $j \neq k$.

3. Schritt: (Partialbruchzerlegung)

Wir nehmen an: $T_k(x)$ und $Q_m(x)$ haben keine gemeinsamen Nullstellen (Linearfaktoren) und keine gemeinsamen quadratischen Faktoren.

Ansatz: Bestimme (noch unbekannte) reelle Koeffizienten $B_{i,j}$, $\Gamma_{i,j}$ und $A_{i,j}$ mit

$$\frac{T_k(x)}{Q_m(x)} = \sum_{i=1}^{p}\sum_{j=1}^{s_i} \frac{B_{i,j}x + \Gamma_{i,j}}{(x^2 + b_i x + c_i)^j} + \sum_{i=1}^{q}\sum_{j=1}^{r_i} \frac{A_{i,j}}{(x - x_i)^j}. \qquad (6.6)$$

Dabei gehen wir wie folgt vor:

(i) Jedem Faktor $(x^2 + b_i x + c_i)^{s_i}$ in (6.5) entsprechen die s_i Summanden $\dfrac{B_{i,j}x + \Gamma_{i,j}}{(x^2 + b_i x + c_i)^j}$, $j = 1, \ldots, s_i$.

(ii) Jedem Faktor $(x - x_i)^{r_i}$ in (6.5) entsprechen die r_i Summanden $A_{i,j}/(x - x_i)^j$, $j = 1, \ldots, r_i$.

Beispiele:

(i) $Q_m(x)$ *hat nur einfache reelle Nullstellen.* Ansatz:

$$\frac{x^2 + 3}{(x-1)(x-2)(x-3)} = \frac{A_1}{x - 1} + \frac{A_2}{x - 2} + \frac{A_3}{x - 3} \tag{6.7}$$

Multiplizieren wir (6.7) mit $(x-1)$ und setzen dann $x_0 = 1$ ein, erhalten wir $A_1 = 2$. Analog erhalten wir $A_2 = -7$ und $A_3 = 6$. Folglich gilt:

$$\frac{x^2 + 2}{(x-1)(x-2)(x-3)} = \frac{2}{x - 1} - \frac{7}{x - 2} + \frac{6}{x - 3} \tag{6.8}$$

Bemerkung: Dieses Verfahren heißt auch **„Grenzwertmethode"**, denn wir betrachten eigentlich $\lim\limits_{x \to x_i} \frac{T_k(x) \cdot (x - x_i)}{Q_m(x)}$.

(ii) $Q_m(x)$ *besitzt nur reelle Nullstellen*, die aber nicht unbedingt einfach sein müssen. Ansatz:

$$\frac{x^2 + 4}{(x-1)(x+1)^2} = \frac{A_{1,1}}{x - 1} + \frac{A_{2,1}}{x + 1} + \frac{A_{2,2}}{(x+1)^2} \tag{6.9}$$

Die Grenzwertmethode liefert wieder $A_{1,1} = \frac{5}{4}$ und $A_{2,2} = -\frac{5}{2}$. Um $A_{2,1}$ zu bekommen, müssen wir ein spezielles $x_0 \neq \pm 1$ einsetzen. Wir erhalten $A_2 = -\frac{1}{4}$ und damit

$$\frac{x^2 + 4}{(x-1)(x+1)^2} = \frac{5/4}{x - 1} - \frac{1/4}{x + 1} - \frac{5/2}{(x+1)^2}\,. \tag{6.10}$$

Bemerkung: Durch Einsetzen von m verschiedenen Werten $x_0^{(j)}$, $j = 1, ..., m$ anstelle von x kann man stets die Koeffizienten bestimmen. Man erhält dann m lineare Gleichungen für die m Unbekannten $A_{1,1}, ..., A_{q,r_q}$. Die Grenzwertmethode hat den Vorteil, dass sämtliche Faktoren bei den $A_{i,j}$ verschwinden bis auf einen, der gleich 1 ist, d.h. die verschiedenen Gleichungen sind entkoppelt.

(iii) *Die Nullstellen von $Q_m(x)$ werden nicht mehr eingeschränkt* wie in **(i)** und **(ii)**.

- Bestimmung von $A_{i,j}$, $B_{i,j}$ und $\Gamma_{i,j}$ mit dem Identitätssatz für Polynome (Satz 2.2.2).
- Setzt man

$$F(x) := \sum_{i=1}^{p} \sum_{j=1}^{s_i} \frac{B_{i,j}x + \Gamma_{i,j}}{(x^2 + b_i x + c_i)^j} + \sum_{i=1}^{q} \sum_{j=1}^{r_i} \frac{A_{i,j}}{(x - x_i)^j}\,,$$

  dann folgt aus (6.6): $T_k(x) = F(x) \cdot Q_m(x) =: \sum\limits_{\ell=0}^{M} a_\ell \cdot x^\ell$, wobei a_ℓ linear von $A_{i,j}$, $B_{i,j}$ und $\Gamma_{i,j}$ abhängen und $M < m$.

- Durch **Koeffizientenvergleich** lassen sich $A_{i,j}$, $B_{i,j}$, $\Gamma_{i,j}$ bestimmen (Lineares Gleichungssystem!).

Beispiel mit mehrfacher komplexer Nullstelle. Ansatz:

$$\frac{x-1}{x(x^2+2)^2} = \frac{A_{1,1}}{x} + \frac{B_{1,1}x + \Gamma_{1,1}}{x^2+2} + \frac{B_{1,2}x + \Gamma_{1,2}}{(x^2+2)^2} \tag{6.11}$$

Multiplikation mit $Q_m(x) = x(x^2+2)^2$ führt auf

$$x-1 = x^4\,[A_{1,1}+B_{1,1}] + x^3\cdot\Gamma_{1,1} + x^2\cdot[4A_{1,1}+2B_{1,1}+B_{1,2}] + x\cdot[2\Gamma_{1,1}+\Gamma_{1,2}] + [4\cdot A_{1,1}]\ .$$

Koeffizientenvergleich liefert ein lineares Gleichungssystem mit Lösung

$$A_{1,1} = -\frac{1}{4}\,,\quad \Gamma_{1,1} = 0\,,\quad B_{1,1} = +\frac{1}{4}\,,\quad B_{1,2} = \frac{1}{2}\,,\quad \Gamma_{1,2} = 1\ .$$

Damit gilt:

$$\frac{x-1}{x\cdot(x^2+2)^2} = -\frac{1/4}{x} + \frac{1/4\cdot x}{x^2+2} + \frac{1/2\cdot x+1}{(x^2+2)^2} \tag{6.12}$$

4. Schritt: (Integration der einzelnen Summanden aus der Partialbruchzerlegung)

- Integration von $\dfrac{A}{(x-x_0)^j}$:

(a)
$$\int \frac{A}{x-x_0}\,dx = A\log|x-x_0| + \text{const} \tag{6.13}$$

(b)
$$\int \frac{A}{(x-x_0)^j}\,dx = -\frac{1}{j-1}\cdot\frac{A}{(x-x_0)^{j-1}} + \text{const}\,,\quad j \geq 2 \tag{6.14}$$

Beispiel:

$$\int \frac{x^2+4}{(x-1)(x+1)^2}\,dx = \frac{5}{4}\int\frac{dx}{x-1} - \frac{1}{4}\int\frac{dx}{x+1} - \frac{5}{2}\int\frac{dx}{(x+1)^2}$$
$$= \frac{5}{4}\log|x-1| - \frac{1}{4}\log|x+1| + \frac{5}{2}\cdot\frac{1}{(x+1)} + \text{const}$$

- Integration von $$\int \frac{Bx + \Gamma}{(x^2 + bx + c)^j}\, dx \quad \text{mit} \quad b^2 - 4c < 0 : \tag{6.15}$$

(a) $$\int \frac{\Gamma}{x^2 + bx + c}\, dx = \frac{2\Gamma}{\sqrt{4c - b^2}} \arctan\left(\frac{2x + b}{\sqrt{4c - b^2}}\right) + \text{const} \tag{6.16}$$

(b) $$\begin{aligned} \int \frac{Bx + \Gamma}{x^2 + bx + c}\, dx &= \frac{B}{2} \log|x^2 + bx + c| \\ &+ \frac{2\Gamma - Bb}{\sqrt{4c - b^2}} \cdot \arctan\left(\frac{2x + b}{\sqrt{4c - b^2}}\right) + \text{const} \end{aligned} \tag{6.17}$$

Für $j \geq 2$ ist mit $\gamma := c - \frac{b^2}{4} > 0$

(c) $$\begin{aligned} \int \frac{Bx + \Gamma}{(x^2 + bx + c)^j}\, dx &= \gamma^{-j+1} \frac{B}{2 - 2j} \left(1 + y^2\right)^{1-j} \\ &+ \gamma^{-j+\frac{1}{2}} \left(\Gamma - B\frac{b}{2}\right) \int \frac{1}{(y^2 + 1)^j}\, dy \Big|_{y = \frac{x + \frac{b}{2}}{\sqrt{\gamma}}} . \end{aligned} \tag{6.18}$$

Für $\mathcal{I}_j := \int \frac{dy}{(1 + y^2)^j}$ gilt folgende **Rekursionsformel**:

$$\mathcal{I}_j = \left[1 - \frac{1}{2(j - 1)}\right] \mathcal{I}_{j-1} + \frac{1}{2(j - 1)} \frac{y}{(y^2 + 1)^{j-1}}, \quad j \geq 2 , \tag{6.19}$$

wobei $\mathcal{I}_1 = \arctan(y) + \text{const}$.

Beispiel:

$$\begin{aligned} \int \frac{x - 1}{x(x^2 + 2)^2}\, dx &= -\frac{1}{4} \int \frac{dx}{x} + \frac{1}{4} \int \frac{x\, dx}{x^2 + 2} + \int \frac{\frac{1}{2}x + 1}{(x^2 + 2)^2}\, dx \\ &= -\frac{1}{4} \log|x| + \frac{1}{8} \log|x^2 + 2| - \frac{1}{8} \left(1 + \frac{x^2}{2}\right)^{-1} \\ &+ \frac{\sqrt{2}}{8} \arctan\left(\frac{x}{\sqrt{2}}\right) + \frac{1}{8} x \left(1 + \frac{x^2}{2}\right)^{-1} + \text{const} \end{aligned}$$

5. Schritt: Probe nicht vergessen!

6.7 Trigonometrische und hyperbolische Substitution

Ziel: Substitution für

$$\int R\left(x, \sqrt{ax^2 + bx + c}\right) dx \,, \tag{7.1}$$

wobei $R(u, v)$ eine rationale Funktion in zwei Variablen ist.

(I) Reduktion von $\int R\left(x, \sqrt{ax^2 + bx + c}\right) dx$ auf Integrale der Form:

$\int R\left(t, \sqrt{t^2 + 1}\right) dt$, $\int R\left(t, \sqrt{t^2 - 1}\right) dt$ und $\int R\left(t, \sqrt{1 - t^2}\right) dt$. Wir verwenden die lineare Substitution $t := \alpha x + \beta$, $\frac{dt}{dx} = \alpha$ mit α und β geeignet.

(II) Trigonometrische Substitution für $\int R\left(t, \sqrt{1 - t^2}\right) dt$, $t \in [-1, 1]$

$$\int R\left(t, \sqrt{1 - t^2}\right) dt = \int R\Big(\sin(y), \cos(y)\Big) \cos(y)\, dy\Big|_{y = \arcsin(t)} \tag{7.2}$$

Die rechte Seite ist z.B. mit der Halbwinkelmethode berechenbar

Beispiel: $\displaystyle\int \left(\sqrt{1 - t^2}\right)^{-3} dt = \tan\Big(\arcsin(t)\Big) + \text{const}$

(III) Die hyperbolischen Funktionen

Definition 6.7.1 (hyperbolische Funktionen)
Die Funktionen

(i) $\sinh x := \frac{1}{2}(e^x - e^{-x})$, $x \in \mathbb{R}$, *(vgl. Abbildung 6.2)*

(ii) $\cosh x := \frac{1}{2}(e^x + e^{-x})$, $x \in \mathbb{R}$, *(vgl. Abbildung 6.2)*

(iii) $\tanh x := \dfrac{\sinh x}{\cosh x} = \dfrac{e^x - e^{-x}}{e^x + e^{-x}}$, $x \in \mathbb{R}$,

(iv) $\coth x := \dfrac{\cosh x}{\sinh x} = \dfrac{e^x + e^{-x}}{e^x - e^{-x}}$, $x \in \mathbb{R} \setminus \{0\}$

heißen **Sinus hyperbolicus, Cosinus hyperbolicus, Tangens hyperbolicus** *und* **Cotangens hyperbolicus**. *Man spricht auch von den* **Hyperbelfunktionen** *oder den* **hyperbolischen Funktionen.**

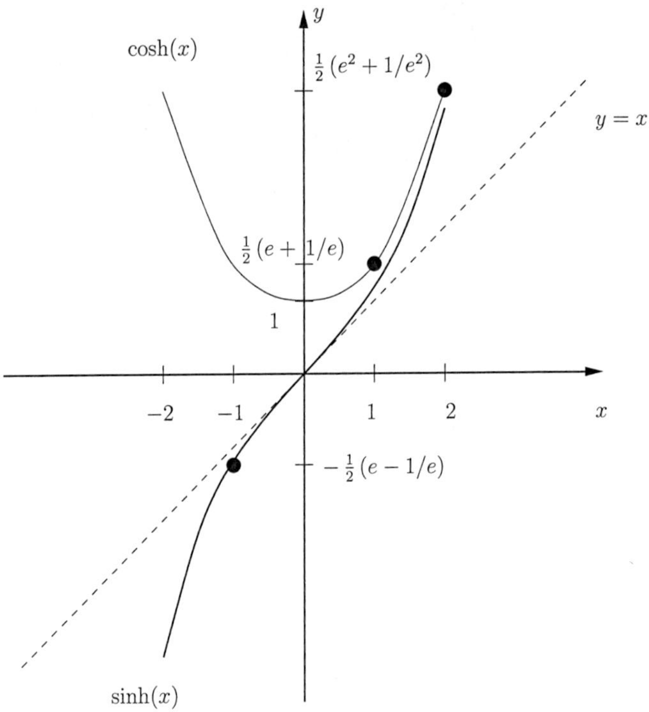

Abbildung 6.2: Sinus und Cosinus hyperbolicus

Lemma 6.7.2 (Eigenschaften von *sinh* und *cosh*)
Für die hyperbolischen Funktionen gilt für alle $x \in \mathbb{R}$:

(i) $\sinh(-x) = -\sinh x$,

(ii) $\cosh(-x) = \cosh x$,

(iii) $\sinh(x+y) = \sinh x \cosh y + \cosh x \sinh y$,

(iv) $\cosh(x+y) = \cosh x \cosh y + \sinh x \sinh y$,

(v) $\cosh^2 x - \sinh^2 x = 1$.

Zur Namensgebung: Sei $H_{a,b} = \left\{(x,y) \in \mathbb{R}^2\colon \left(\frac{x}{a}\right)^2 - \left(\frac{y}{b}\right)^2 = 1\right\}$ eine parametrisierte **Hyperbel**. Dann gilt

$$(a \cosh t\,,\, b \sinh t) \in H_{a,b} \quad \text{für alle } t \in \mathbb{R}\,. \tag{7.3}$$

Entsprechend gilt für die trigonometrischen Funktionen für alle $t \in \mathbb{R}$

$$(a\cos t\,,\, b\sin t) \in E_{a,b} := \left\{(x,y) \in \mathbb{R}^2 \colon \left(\frac{x}{a}\right)^2 + \left(\frac{y}{b}\right)^2 = 1\right\} \quad \textbf{(Ellipse)}\,. \tag{7.4}$$

Lemma 6.7.3 (Ableitungen der Hyperbelfunktionen)
Für die Hyperbelfunktionen gilt für alle $x \in \mathbb{R}$:

(i) $\displaystyle \frac{d}{dx}\sinh x = \cosh x\,,$

(ii) $\displaystyle \frac{d}{dx}\cosh x = \sinh x\,,$

(iii) $\displaystyle \frac{d}{dx}\tanh x = \frac{1}{\cosh^2 x}\,,$

(iv) $\displaystyle \frac{d}{dx}\coth x = -\frac{1}{\sinh^2 x}\,, \quad x \neq 0\,.$

Umkehrfunktionen für hyperbolische Funktionen (Areafunktionen)

(A) $f_1(x) = \sinh x\,,\ x \in \mathbb{R}$

- $\displaystyle \frac{d}{dx}\sinh x = \cosh x \geq 1$ (f_1 streng monoton wachsend)

- $\displaystyle \lim_{x\to+\infty} \sinh x = +\infty$
- $\displaystyle \lim_{x\to-\infty} \sinh x = -\infty$

$\Rightarrow\ \mathcal{W}(f_1) = \mathbb{R}$

Lemma 6.7.4 $f_1 = \sinh\colon \mathbb{R} \to \mathbb{R}$ *ist invertierbar.*
Die Umkehrfunktion $f_1^{-1} = \sinh^{-1} =:$ *arsinh*: $\mathbb{R} \to \mathbb{R}$ *(surjektiv!) heißt* **Areasinus hyperbolicus**.

(B) $f_2(x) = \cosh x\,,\ x \in \mathbb{R}$

- f_2 ist gerade

- $\displaystyle \frac{d}{dx}\cosh x = \sinh x > 0 \quad \forall\, x > 0$ (streng monoton wachsend auf $(0,\infty)$)

- $\cosh(0) = 1$
- $\displaystyle \lim_{x\to\pm\infty} \cosh x = +\infty$

$\Rightarrow\ \mathcal{W}(f_2) = [1,\infty)$

Lemma 6.7.5 $f_2 = \cosh\colon [0,\infty) \to [1,\infty)$ *ist invertierbar.*
Die Umkehrfunktion $f_2^{-1} = \cosh^{-1} =:$ *arcosh*: $[1,\infty) \to [0,\infty)$ *(surjektiv!) heißt* **Areacosinus hyperbolicus.**

(C) $f_3(x) = \tanh x\,, \quad x \in \mathbb{R}$

- $\dfrac{d}{dx} \tanh x = \dfrac{1}{\cosh^2 x} > 0$ (streng monoton wachsend)

- $\lim\limits_{x \to \pm\infty} \dfrac{e^x - e^{-x}}{e^x + e^{-x}} = \pm 1 \quad \Rightarrow \quad \mathcal{W}(f_3) = (-1,1)$

Lemma 6.7.6 $f_3 = \tanh\colon \mathbb{R} \to (-1,1)$ *ist invertierbar.*
Die Umkehrfunktion $f_3^{-1} = \tanh^{-1} =:$ *artanh*: $(-1,1) \to \mathbb{R}$ *(surjektiv!) heißt* **Areatangens hyperbolicus.**

(D) $f_4(x) = \coth x\,, \quad x \in \mathbb{R} \setminus \{0\}$

- $\dfrac{d}{dx} \coth x = -\dfrac{1}{\sinh^2 x} < 0\,, \quad x \neq 0$ (streng monoton fallend auf $(-\infty,0)$ und $(0,\infty)$)

$$\left.\begin{array}{ll} \bullet\ \lim\limits_{x \to -\infty} \frac{e^x + e^{-x}}{e^x - e^{-x}} = -1\,, & \lim\limits_{x \nearrow 0} \frac{e^x + e^{-x}}{e^x - e^{-x}} = -\infty \\ \bullet\ \lim\limits_{x \searrow 0} \frac{e^x + e^{-x}}{e^x - e^{-x}} = +\infty\,, & \lim\limits_{x \to \infty} \frac{e^x + e^{-x}}{e^x - e^{-x}} = 1 \end{array}\right\} \Rightarrow \mathcal{W}(f_4) = (-\infty,-1) \cup (1,\infty)\,.$$

Lemma 6.7.7 $f_4 = \coth\colon \mathbb{R} \setminus \{0\} \to (-\infty,-1) \cup (1,\infty)$ *ist invertierbar.*
Die Umkehrfunktion $f_4^{-1} = \coth^{-1} =:$ *arcoth*: $(-\infty,-1) \cup (1,\infty) \to \mathbb{R} \setminus \{0\}$ *heißt* **Areacotangens hyperbolicus.**

Lemma 6.7.8 *Es gilt:*

(i) $\operatorname{arsinh} x = \log\left(x + \sqrt{x^2 + 1}\right)\,, \quad$ *für alle* $x \in \mathbb{R}$,

(ii) $\operatorname{arcosh} x = \log\left(x + \sqrt{x^2 - 1}\right)\,, \quad$ *für alle* $x \geq 1$,

(iii) $\operatorname{artanh} x = \dfrac{1}{2} \log \dfrac{1 + x}{1 - x}\,, \quad$ *für alle* $x \in (-1,1)$,

(iv) $\operatorname{arcoth} x = \dfrac{1}{2} \log \dfrac{x + 1}{x - 1}\,, \quad$ *für alle* $|x| > 1$.

Lemma 6.7.9 (Ableitungen der Areafunktionen)
Es gilt:

(i) $$\frac{d}{dx}\,\mathit{arsinh}\,x \;=\; \frac{1}{\sqrt{x^2+1}}\,, \qquad \textit{für alle } x \in \mathbb{R}\,,$$

(ii) $$\frac{d}{dx}\,\mathit{arcosh}\,x \;=\; \frac{1}{\sqrt{x^2-1}}\,, \qquad \textit{für alle } x > 1,$$

(iii) $$\frac{d}{dx}\,\mathit{artanh}\,x \;=\; \frac{1}{1-x^2}\,, \qquad \textit{für alle } |x| < 1\,,$$

(iv) $$\frac{d}{dx}\,\mathit{arcoth}\,x \;=\; \frac{1}{1-x^2}\,, \qquad \textit{für alle } |x| > 1\,.$$

(IV) Die hyperbolische Substitution für $\int R\left(t,\,\sqrt{t^2+1}\right)\,dt$

Es gilt:

$$\int R(\sinh\,\xi\,,\,\cosh\xi)\cdot\cosh\xi\,d\xi \;=\; \int R\left(t,\,\sqrt{t^2+1}\right)\,dt \tag{7.5}$$

Substitution $t := \sinh\xi\,,\ \frac{dt}{d\xi} = \cosh\xi\,,$ wobei $\cosh\xi = \sqrt{\sinh^2\xi + 1} = \sqrt{t^2+1}.$
Die linke Seite hat die Form $\int \overline{R}(e^{\xi})\,d\xi$ (mit (5.11) weiter behandeln).

(V) Die hyperbolische Substitution für $\int R\left(t,\,\sqrt{t^2-1}\right)\,dt\ \ (|t|>1)$

Es gilt:

$$\int R(\cosh\,\xi\,,\,\sinh\xi)\cdot\sinh\xi\,d\xi \;=\; \int R\left(t,\,\sqrt{t^2-1}\right)\,dt \tag{7.6}$$

Substitution (z.B. $t > 1$): $t := \cosh\xi \quad (\xi \geq 0)\,,\ \frac{dt}{d\xi} = \sinh\xi\,,\ \sqrt{t^2-1} = \sinh\xi\,.$
Die linke Seite kann man wieder mit (5.11) behandeln.

Beispiel 6.7.10

$$\int_0^{\sinh x} \sqrt{1+t^2}\,dt \overset{(7.5)}{=} \int_0^x \cosh\xi\cdot\cosh\xi\,d\xi \;=\; \int_0^x R(e^{\xi})\,d\xi \;=\; \frac{1}{4}\int_1^{e^x}\left(y^2+2+\frac{1}{y^2}\right)\cdot\frac{1}{y}\,dy$$
$$=\; \frac{1}{8}\,e^{2x} - \frac{1}{8}\,e^{-2x} + \frac{1}{2}\,x \;=\; \frac{1}{2}\,\sinh x\cdot\cosh x + \frac{1}{2}\,x\,,$$

wobei $R(y) = \frac{1}{4}\left(y+\frac{1}{y}\right)^2$.

6.8 Taylorsche Reihe und Anwendungen

Ziel: Funktionen als Potenzreihen darstellen.

Satz 6.8.1 (Taylorsche[5] Formel)

Sei I ein offenes Intervall, $f : I \to \mathbb{R}$ sei $(n+1)$–mal stetig differenzierbar und $x, x_0 \in I$. Dann gilt

$$\begin{aligned} f(x) \;=\; f(x_0) \;&+\; \frac{f'(x_0)}{1!}(x - x_0) \;+\; \frac{f''(x_0)}{2!}(x - x_0)^2 \;+\; \cdots \\ &+\; \frac{f^{(n)}(x_0)}{n!}(x - x_0)^n \;+\; R_n(x; x_0) \quad \text{für alle } x, x_0 \in I\ , \end{aligned} \tag{8.1}$$

wobei

$$R_n(x; x_0) \;:=\; \frac{1}{n!}\int_{x_0}^{x} (x - y)^n\, f^{(n+1)}(y)\, dy \tag{8.2}$$

$$= \frac{f^{(n+1)}(\xi)}{(n+1)!}(x - x_0)^{n+1} \quad \text{für ein } \xi \text{ zwischen } x \text{ und } x_0\ . \tag{8.3}$$

Bemerkung: $f^{(n)}(x_0)$ ist wie immer die n–te Ableitung bei x_0.

Definition 6.8.2 *Wir nennen*

$$T_n(x; x_0) \;:=\; \sum_{k=0}^{n} \frac{f^{(k)}(x_0)}{k!}(x - x_0)^k \tag{8.4}$$

n–tes Taylor–Polynom von f *(es ist ein Polynom vom Grad n in x). $R_n(x; x_0)$ heißt* **Restglied** *(zum n–ten Taylor–Polynom), und zwar* **Lagrangesches[6] Restglied**, *wenn es wie in (8.3) gegeben ist, und* **Cauchysches Restglied**, *wenn es in der Form (8.2) gegeben ist.*

Beispiel 6.8.3 *Für $f(x) = e^x$ ist*

$$T_n(x; x_0 = 0, f) \;=\; \sum_{k=0}^{n} \frac{f^{(k)}(0)}{k!} \cdot x^k \;=\; \sum_{k=0}^{n} \frac{x^k}{k!}$$

mit Restglied:

$$R_n(x; 0, f) \;=\; \frac{1}{(n+1)!}\, f^{(n+1)}(\xi) \cdot x^{n+1} \;=\; \frac{e^{\xi}}{(n+1)!} \cdot x^{n+1} \;=\; \sum_{k=n+1}^{\infty} \frac{x^k}{k!} \quad \Big(\text{für ein } \xi \text{ mit } |\xi| < |x|\Big)$$

---

[5] Brook Taylor (1685–1731), britischer Mathematiker

[6] Joseph–Louis Lagrange (1736–1813), italienischer Mathematiker und Astronom

Ist der Entwicklungspunkt $x_0 \neq 0$, dann gilt

$$T_n(x;\, x_0, f) \;=\; e^{x_0} \cdot \sum_{k=0}^{n} \frac{(x - x_0)^k}{k!} \;.$$

Lemma 6.8.4 *Sei $I = (a,b)$ und $f\colon I \to \mathbb{R}$ $(n+1)$–mal differenzierbar mit $f^{(n+1)}(x) \equiv 0$ auf I. Dann ist f ein Polynom von einem Grad $\leq n$.*

Satz 6.8.5 *Sei $I = (a,b)$ und $f\colon I \to \mathbb{R}$ n–mal stetig differenzierbar mit $n \geq 2$. In $x_0 \in I$ gelte*

$$f'(x_0) \;=\; f''(x_0) \;=\; \cdots \;=\; f^{(n-1)}(x_0) \;=\; 0 \quad \text{und} \quad f^{(n)}(x_0) \;\neq\; 0\;. \tag{8.5}$$

Dann gilt:

(i) *x_0 ist* **lokales Extremum** *von $f \iff n$ ist gerade.*

(ii) *n ist gerade und $f^{(n)}(x_0) < 0 \implies f$ hat in x_0 ein* **lokales Maximum**.

(iii) *n ist gerade und $f^{(n)}(x_0) > 0 \implies f$ hat in x_0 ein* **lokales Minimum**.

Beispiel 6.8.6 *$f\colon (0, 2\pi) \to \mathbb{R}$ sei gegeben durch*

$$f(x) \;=\; \sin x \;+\; \frac{1}{2}\,\sin 2x\;.$$

Es gilt:

$$f'(x) \;=\; \cos x \;+\; 2\,\cos^2 x \;-\; 1$$

mit Nullstellen in $(0, 2\pi)$: $x_0 = \pi$, $x_1 = \frac{\pi}{3}$, $x_2 = \frac{5\pi}{3}$.

Wegen $f''(x) = -\sin x - 2\sin 2x$ ist $f''(x_0) = 0$, $f''(x_1) < 0$ und $f''(x_2) > 0$.

D.h. x_1 ist Maximum von f und x_2 ist Minimum von f. Wegen $f'''(x_0) \neq 0$ ist x_0 kein lokales Extremum.

Definition 6.8.7 (Taylor–Reihe)

Sei f auf $I \subset \mathbb{R}$ **beliebig oft differenzierbar**, *$x_0 \in I$. Die unendliche Reihe*

$$T(x;\, x_0) \;=\; T(x;\, x_0, f) \;:=\; \sum_{n=0}^{\infty} \frac{f^{(n)}(x_0)}{n!}\,(x - x_0)^n \tag{8.6}$$

heißt **Taylor–Reihe von f um x_0**. *Wenn es ein $R > 0$ gibt, so dass*

$$f(x) = \sum_{n=0}^{\infty} \frac{f^{(n)}(x_0)}{n!} (x - x_0)^n \quad \text{für alle} \quad x \in I \text{ mit } |x - x_0| < R \tag{8.7}$$

gilt, so sagen wir, f lasse sich um x_0 **als Taylor–Reihe darstellen**. *Funktionen die sich in jedem Punkt $x_0 \in I$ als Taylor–Reihe darstellen lassen, heißen* **reell analytisch**.

Bemerkung: $f\colon I \to \mathbb{R}$ lässt sich um $x_0 \in I$ als Taylor–Reihe darstellen, genau dann, wenn für ein $R > 0$ gilt:

$$R_n(x;\, x_0, f) \longrightarrow 0 \quad (n \to \infty) \qquad \forall\ x \in (x_0 - R\,,\, x_0 + R)$$

Satz 6.8.8 *Sei f beliebig oft differenzierbar in I. Ferner gebe es positive Konstanten R, K und A, so dass*

$$\left|f^{(n)}(x)\right| \leq K \cdot A^n \quad \text{für alle } x \in I \text{ mit } |x - x_0| < R\,. \tag{8.8}$$

Dann gilt:

$$\lim_{n\to\infty} R_n(x;\, x_0, f) = 0 \quad \text{für alle } x \in I \text{ mit } |x - x_0| < R \tag{8.9}$$

Beispiel 6.8.9 $f(x) = \cosh(x) = \frac{1}{2}\left(e^x + e^{-x}\right)$

Es gilt:

$$T(x;\, 0, f) = \sum_{k=0}^{\infty} \frac{1}{(2k)!} \cdot x^{2k} = \cosh(x)$$

Das heißt, cosh ist als Taylor–Reihe bei $x_0 = 0$ darstellbar.

Beispiel 6.8.10

$$f(x) = \begin{cases} 0 & \text{für } x = 0 \\ \exp\left(-\frac{1}{x^2}\right) & \text{für } x \neq 0 \end{cases}$$

f ist für alle $x \in \mathbb{R}$ beliebig oft differenzierbar, und es gilt $f^{(n)}(0) = 0 \quad \forall\ n \in \mathbb{N}$.

Das heißt die Taylor–Reihe für f ist **trivial**. $T(x;\, 0, f) = \sum_{n=0}^{\infty} \frac{f^{(n)}(0)}{n!} \cdot x^n \equiv 0 \quad \forall\ x \in \mathbb{R}$ und offenbar $T(x;\, 0, f) \neq f(x) \quad \forall\ x \neq 0$.

Satz 6.8.11 (Identitätssatz für Potenzreihen)
Für die Potenzreihen $f(x) = \sum_{n=0}^{\infty} a_n x^n$ *und* $g(x) = \sum_{n=0}^{\infty} b_n x^n$ *gelte für ein* $R > 0$

$$f(x) = g(x) \quad \text{für alle} \quad |x| < R \,. \tag{8.10}$$

Dann ist

$$a_n = b_n = \frac{1}{n!} f^{(n)}(0) \qquad \forall\; n \in \mathbb{N}_0 \,. \tag{8.11}$$

Insbesondere ist also $f(x) = T(x; 0, f)$, *d.h. jede Potenzreihe ist gleich seiner Taylor–Reihe entwickelt um* $x_0 = 0$.

Beispiele 6.8.12

$$\sin x = \sum_{n=0}^{\infty} \frac{(-1)^n}{(2n+1)!} x^{2n+1}, \quad x \in \mathbb{R}$$

ist die **Taylor–Reihe** *der Funktion* $\sin x$ *um* $x_0 = 0$; *ebenso ist*

$$\cos x = \sum_{n=0}^{\infty} \frac{(-1)^n}{(2n)!} x^{2n}, \quad x \in \mathbb{R}$$

ist die **Taylor–Reihe** *der Funktion* $\cos x$ *um* $x_0 = 0$.

Abschätzungen für die näherungsweise Berechnung

Für $\xi \in (0, x)$ bzw. $\xi \in (x, 0)$ gilt

$$\sin x = \sum_{n=0}^{m} \frac{(-1)^n}{(2n+1)!} x^{2n+1} + \frac{\sin^{(2m+3)}(\xi)}{(2m+3)!} \cdot x^{2m+3},$$

d.h.

$$\left| \sin x - \sum_{n=0}^{m} \frac{(-1)^n}{(2n+1)!} x^{2n+1} \right| \le \frac{|x|^{2m+3}}{(2m+3)!} \,. \tag{8.12}$$

Beispiel 6.8.13 *Wir betrachten die Funktion* $f(x) := \log(1+x)$ *für* $x > -1$.
Wegen $f^{(k)}(x) = (-1)^{k-1}(k-1)!\,(1+x)^{-k}$ *ist die Taylor–Reihe von* f *um* $x_0 = 0$

$$T(x; 0, f) = \sum_{n=1}^{\infty} (-1)^{n-1} \frac{1}{n!} (n-1)!\, x^n = \sum_{n=0}^{\infty} \frac{(-1)^n}{n+1} x^{n+1},$$

welche für $x \in (-1,1]$ *konvergiert. Tatsächlich gilt*

$$\log(1+x) = \sum_{n=0}^{\infty} \frac{(-1)^n}{n+1}\, x^{n+1} \quad \textit{für alle } x \in (-1,1]\,, \tag{8.13}$$

d.h. auf $(-1,1]$ *stimmen* f *und Taylor–Reihe von* f *um* $x_0 = 0$ *überein. Insbesondere erhält man für* $x = 1$*:*

$$\log 2 = 1 - \frac{1}{2} + \frac{1}{3} - \frac{1}{4} + \frac{1}{5} - \ldots \quad \textbf{(alternierende harmonische Reihe)} \tag{8.14}$$

Ähnlich erhält man

Beispiel 6.8.14

$$\arctan x = \sum_{n=0}^{\infty} \frac{(-1)^n}{2n+1}\, x^{2n+1}, \quad x \in [-1,1]$$

und damit

$$\arctan 1 = \frac{\pi}{4} = 1 - \frac{1}{3} + \frac{1}{5} - \frac{1}{7} + \frac{1}{9} - \ldots\,. \tag{8.15}$$

6.9 Uneigentliche Integrale

Bisher waren immer alle Integranden beschränkt. Wann sind Integrale sinnvoll, obwohl Integrand oder Integrationsintervall **nicht beschränkt** sind?

Beispiel 6.9.1

$$g(x) = \frac{1}{x^\alpha} \quad \textit{für} \quad x \in (0,\infty),\ \alpha \in \mathbb{R} \setminus \{1\}\,.$$

Fall A: Für $0 < \alpha < 1$ existiert $\lim\limits_{a \searrow 0} \int\limits_a^1 \frac{1}{x^\alpha}\, dx = \frac{1}{1-\alpha}$. Deshalb ist sinnvoll:

$$G_A = \int_0^1 \frac{1}{x^\alpha}\, dx := \lim_{a \searrow 0} \int_a^1 \frac{1}{x^\alpha}\, dx = \frac{1}{1-\alpha}$$

Fall B: Für $\alpha > 1$ existiert $\lim\limits_{b \to \infty} \int\limits_1^b \frac{dx}{x^\alpha} = \frac{1}{\alpha - 1} > 0$. Auch hier ist deshalb sinnvoll:

$$G_B = \int_1^\infty \frac{1}{x^\alpha}\, dx := \lim_{b \to \infty} \int_1^b \frac{1}{x^\alpha}\, dx = \frac{1}{\alpha - 1}$$

Probleme im Inneren des Intervalls:

Beispiel 6.9.2

$$h(x) = \begin{cases} \frac{1}{x^3} & \textit{für} \quad x \in [-2,1] \setminus \{0\} \\ 0 & \textit{für} \quad x = 0 \end{cases}$$

Hier ist $\int\limits_{-2}^{1} h(x)\,dx$ **nicht** sinnvoll definierbar.

Definition 6.9.3 (uneigentliches Integral am Rand)

Sei $f\colon [a,b) \to \mathbb{R}$, $-\infty < a < b \leq +\infty$ *eine Funktion die für jedes* $\beta < b$ **Riemann–integrierbar** *ist. Falls der Grenzwert*

$$\lim_{\beta \nearrow b} \int\limits_{a}^{\beta} f(x)\,dx \in \mathbb{R} \tag{9.1}$$

existiert, so sagen wir, das **uneigentliche Integral** $\int\limits_{a}^{b} f(x)\,dx$ *sei* **konvergent** *und habe den Wert (9.1).* f *heißt auf* (a,b) **uneigentlich integrierbar**.

Falls

$$\lim_{\beta \nearrow b} \int\limits_{a}^{\beta} |f(x)|\,dx \tag{9.2}$$

existiert, so heißt das **uneigentliche Integral** $\int\limits_{a}^{b} f(x)\,dx$ **absolut konvergent**. f heißt auf (a,b) **absolut uneigentlich integrierbar**.

Definition 6.9.3 deckt sowohl $b = \infty$, als auch $b < \infty$ mit $\lim\limits_{x \nearrow b} f(x) = \infty$ ab. Eine analoge Definition gilt am linken Intervallende a.

Definition 6.9.4 (uneigentliches Integral im Inneren)

Sei $-\infty < a < b < +\infty$ *und sei* $f\colon [a,b] \to \mathbb{R} \cup \{-\infty, \infty\}$.
Für $c \in (a,b)$ *sei* f *auf* $[a, c-\varepsilon]$ *und* $[c+\varepsilon, b]$ *für alle* $\varepsilon > 0$ *Riemann–integrierbar. Wenn die beiden uneigentlichen Integrale* $\int\limits_{a}^{c} f(x)\,dx$ *und* $\int\limits_{c}^{b} f(x)\,dx$ *existieren, so heißt das* **uneigentliche Integral** $\int\limits_{a}^{b} f(x)\,dx$ **konvergent**, *und wir setzen*

$$\int\limits_{a}^{b} f(x)\,dx := \int\limits_{a}^{c} f(x)\,dx + \int\limits_{c}^{b} f(x)\,dx\,. \tag{9.3}$$

Auch hier heißt f *auf* (a,b) **uneigentlich integrierbar**.

Definition 6.9.5 (Vergleichskriterium)
Seien $a, b \in \mathbb{R} \cup \{-\infty, \infty\}$ *und* $f\colon (a,b) \to \mathbb{R}$ *auf jedem Intervall* $[\alpha, \beta] \subset (a,b)$ *Riemann–integrierbar. Für* $g\colon (a,b) \to \mathbb{R}$ *existiere das uneigentliche Integral* $\int_a^b g(x)\,dx$ *und es gelte*

$$|f(x)| \le g(x) \qquad \forall\ x \in (a,b)\ . \tag{9.4}$$

Dann ist $\int_a^b f(x)\,dx$ **absolut konvergent**.

Beispiel 6.9.6 *Betrachte* $f(x) = x^{-2}\log x\,,\quad x \in [1,\infty)$. *Für* $r > 0$ *gilt:* $\lim\limits_{x\to\infty} \frac{\log x}{x^r} = 0$

Damit folgt

$$\int_1^\infty x^{-2} \log x\, dx \ \le\ C \cdot \int_1^\infty \frac{dx}{x^{3/2}} \ <\ \infty\ .$$

Lemma 6.9.7 (Rechenregeln)
Seien $a, b \in \mathbb{R} \cup \{-\infty, \infty\}$, $f, g\colon (a,b) \to \mathbb{R}$ *Funktionen, so dass die uneigentlichen Integrale* $\int_a^b f(x)\,dx$ *und* $\int_a^b g(x)\,dx$ *existieren. Dann gilt:*

(i) *Für alle* $c_1, c_2 \in \mathbb{R}$ *existiert das uneigentliche Integral* $\int_a^b (c_1 f(x) + c_2 g(x))\,dx$, *und es gilt*

$$\int_a^b \Big(c_1 f(x) + c_2 g(x)\Big)\,dx \ =\ c_1 \int_a^b f(x)\,dx + c_2 \int_a^b g(x)\,dx \quad \textbf{(Linearität des Integrals)}$$

(ii) *Falls* $\int_a^b f(x)\,dx$ *absolut konvergent ist, folgt*

$$\left| \int_a^b f(x)\,dx \right| \ \le\ \int_a^b |f(x)|\,dx$$

(iii) *Für* $c \in (a,b)$ *ist*

$$\int_a^b f(x)\,dx \ =\ \int_a^c f(x)\,dx + \int_c^b f(x)\,dx\ .$$

Nächstes Ziel: Partielle Integration

$$\int_a^b u'v\,dx \;=\; u(b)\,v(b) \;-\; u(a)\,v(a) \;-\int_a^b u\,v'\,dx$$

ist für $a, b \in \mathbb{R}$ **(endlich!)** bekannt. Was passiert für $b \to \infty$?

Offenbar impliziert $\int_a^\infty f(x)\,dx < \infty$, dass $\lim_{k\to\infty} \int_k^{k+1} f(x)\,dx = 0$. Dies genügt aber noch nicht für $\lim_{x\to\infty} f(x) = 0$.

Beispiel 6.9.8 *Sei* $g\colon [2,\infty) \to \mathbb{R}$ *auf* $[k,\, k+1]$, $k \geq 2$, *durch*

$$g(x) \;:=\; \begin{cases} (x - k)\cdot 2k^4 & \text{für } k \leq x \leq k + \frac{1}{2}k^{-3} \\ -\,[x - (k + k^{-3})]\cdot 2k^4 & \text{für } k + \frac{1}{2}k^{-3} \leq x \leq k + k^{-3} \\ 0 & \text{für } k + k^{-3} \leq x \leq k + 1 \end{cases}$$

definiert. Dann ist g stückweise linear, stetig, $\int_2^\infty g(x)\,dx < \infty$, *aber g ist unbeschränkt und* $\lim_{x\to\infty} g(x) \neq 0$ *(weil gar nicht existent).*

Lemma 6.9.9 **(i)** *Sei* $f\colon [a,\infty) \to \mathbb{R}$ *uneigentlich integrierbar. Dann ist*

$$\lim_{K\to\infty} \int_K^\infty f(x)\,dx \;=\; 0\,. \tag{9.5}$$

(ii) *Falls* $f\colon [a,\infty) \to \mathbb{R}$ *stetig differenzierbar ist und sowohl* f, *als auch* f' *auf* $[a,\infty)$ *uneigentlich integrierbar sind, dann gilt* $\lim_{x\to\infty} f(x) = 0$.

Satz 6.9.10 (partielle Integration bei Unendlich)

Seien $u, v\colon [a,\infty) \to \mathbb{R}$ *stetig differenzierbare Funktionen, so dass die Produkte* $u'\cdot v$, $u\cdot v'$ *und* $u\cdot v$ *auf* $[a,\infty)$ *uneigentlich integrierbar sind. Dann gilt*

$$\int_a^\infty u'\,v\,dx \;=\; -\,u(a)\,v(a) \;-\; \int_a^\infty u\,v'\,dx\,. \tag{9.6}$$

Entsprechend gilt natürlich auch

$$\int_{-\infty}^{b} u' v \, dx \;=\; u(b) \cdot v(b) \;-\; \int_{-\infty}^{b} u v' \, dx \,. \tag{9.7}$$

Beispiel 6.9.11 $\displaystyle\int_{-\infty}^{\infty} x^2 \, e^{-\frac{1}{2}x^2} \, dx \;=\; \int_{-\infty}^{\infty} e^{-\frac{1}{2}x^2} \, dx \,.$

Lemma 6.9.12 *Sei* $a > 0\,,\ f\colon [a,\infty) \to \mathbb{R}$ *stetig und* $F(x) := \int_a^x f(t)\,dt$ *beschränkt für alle* $x \in [a,\infty)$. *Dann ist* $f(x) \cdot x^{-\alpha}$ *für jedes* $\alpha > 0$ *uneigentlich integrierbar, d.h.* $\int_a^\infty f(x)\, x^{-\alpha}\, dx < \infty$ *ist konvergent.*

Beispiel 6.9.13 $\displaystyle\int_{1}^{\infty} \frac{\sin x}{x} \, dx$ *ist konvergent.*

Kapitel 7

Gewöhnliche Differentialgleichungen

7.1 Einführung

Differentialgleichungen sind Gleichungen für eine (gesuchte) Funktion u, welche auch Ableitungen von u enthalten.

Beispiel 7.1.1 *Gesucht ist jeweils eine Funktion* $u\colon (a,b) \to \mathbb{R}$ *mit*

(i) $u'(x) = 1 \qquad \forall\ x \in (a,b)$

(ii) $u''(x) = u^2(x) \qquad \forall\ x \in (a,b)$

(iii) $u'(x) = g(x)\,, \qquad \forall\ x \in (a,b)$ *(mit* $g\colon (a,b) \to \mathbb{R}$ *vorgegeben)*

(iv) $u'(x) - u(x) = e^x \qquad \forall\ x \in (a,b)$

Definition 7.1.2 (GDGL)
Seien $I, J, J_1, ..., J_k \subset \mathbb{R}$ *Intervalle* $(k \geq 1)$ *und* $\mathcal{G}\colon I \times J \times J_1 \times \cdots \times J_k \to \mathbb{R}$ *eine Funktion von* $k+2$ *reellen Veränderlichen* $x, y, y_1, ..., y_k$. *Die Gleichung*

$$\mathcal{G}\left(x, u(x), u'(x), ..., u^{(k)}(x)\right) = 0 \qquad \forall\ x \in I \tag{1.1}$$

heißt **gewöhnliche Differentialgleichung (GDGL)** k**–ter Ordnung in impliziter Form**, *wobei die Funktion* $u\colon I \to \mathbb{R}$ *gesucht ist.*

Ist die Differentialgleichung von der speziellen Gestalt

$$u^{(k)}(x) = G\left(x, u(x), u'(x), ..., u^{(k-1)}(x)\right)\,, \tag{1.2}$$

wobei $G\colon I \times J \times J_1 \times \cdots \times J_{k-1} \to \mathbb{R}$, *so sprechen wir von einer* **gewöhnlichen Differentialgleichung** k**–ter Ordnung in expliziter Form**. $u : I \to \mathbb{R}$ *heißt* **Lösung** *von (1.1), wenn* u k *mal stetig differenzierbar ist, für die Wertebereiche* $\mathcal{W}(u) \subset J$, $\mathcal{W}\left(u^{(j)}\right) \subset J_j \ \ \forall\ j = 1, ..., k$ *gilt und (1.1) in jedem* $x \in I$ *erfüllt ist.*

Beispiele 7.1.3 (i) $x\,[u'''(x)]^2 + u(x)\,[u''(x)]^2 + [u'(x)]^3 = 0$ **(implizit ; $k = 3$)**

(ii) $u'(x) = x\,[u(x)]^2$ **(explizit ; $k = 1$)**

Bemerkungen:

- Die Lösungen wird man im Allgemeinen nicht explizit angeben können.
- Ohne Zusatzbedingungen ist in der Regel **keine Eindeutigkeit** der Lösung zu erwarten.

Definition 7.1.4 *Seien $x_0 \in \mathbb{R}$ und $u_0, ..., u_{k-1} \in \mathbb{R}$ vorgegeben. Dann heißt die gewöhnliche Differentialgleichung*

$$\mathcal{G}\left(x, u(x), u'(x), ..., u^{(k)}(x)\right) = 0 \quad \textit{für alle } x \in I = (x_0, b) \tag{1.3}$$

zusammen mit den Anfangswerten

$$\left\{\begin{array}{ccc} u(x_0) & = & u_0 \\ u'(x_0) & = & u_1 \\ \vdots & \vdots & \vdots \\ u^{(k-1)}(x_0) & = & u_{k-1} \end{array}\right. \tag{1.4}$$

Anfangswertaufgabe *oder* **Anfangswertproblem (AWP).**

Bemerkung 7.1.5 (Anforderungen an ein „vernünftiges“ AWP)

(i) **Existenz einer Lösung**

Z.B. die Lösung von

$$u'(x) = 1 + u^2(x), \; u(0) = 0 , \tag{1.5}$$

existiert nicht auf ganz $\mathbb{R}$. Wir fordern Lösungen daher nur **lokal nahe x_0**, *d.h. auf einem möglicherweise kleinen Intervall.*

(ii) **Eindeutigkeit der Lösung**

Wird gefordert, ist aber mathematisch nicht immer der Fall. Beispiel:

$$u'(x) = 3u(x)^{2/3}, \; u(0) = 0 \tag{1.6}$$

(iii) **Stetige Abhängigkeit der Lösung von den Anfangswerten**

Kleine Störungen im Anfangswert sollen auch nur zu kleinen Störungen der Lösung führen.

Definition 7.1.6 (Hadamard[1])
Ein Anfangswertproblem heißt **korrekt gestellt** *(im Sinne von* **Hadamard***), wenn gilt:*

(i) *Es gibt mindestens eine Lösung (in der Nähe von x_0).*

(ii) *Die Lösung ist eindeutig bestimmt.*

(iii) *Die Lösung hängt von den Anfangswerten stetig ab.*

Wir unterscheiden

- explizite Lösungstheorie: sucht explizite Formeln für Lösungen.
- qualitative Lösungstheorie: versucht Eigenschaften der Lösungen zu beschreiben (ohne diese explizit zu kennen).

Lineare Differentialgleichungen

Definition 7.1.7 (lineare Differentialgleichungen)
Seien $a, f\colon I \to \mathbb{R}$ vorgegebene stetige Funktionen, I ein offenes Intervall. Dann heißt

$$u'(x) + a(x)\,u(x) = f(x) \qquad \forall\; x \in I \tag{1.7}$$

eine **lineare gewöhnliche Differentialgleichung erster Ordnung**. *Ist $f \equiv 0$ auf I, so heißt die Differentialgleichung* **homogen**, *sonst* **inhomogen**.

Die Menge

$$L_{inh} := \{u\colon I \to \mathbb{R}\colon\; u, u' \textit{ stetig},\; u'(x) + a(x)\,u(x) = f(x) \quad \forall\; x \in I\} \tag{1.8}$$

heißt **Lösungsmenge** *von (1.7).*

Analog setzen wir

$$L_{hom} := \{u\colon I \to \mathbb{R}\colon\; u, u' \textit{ stetig},\; u'(x) + a(x)\,u(x) = 0 \quad \forall\; x \in I\}\,. \tag{1.9}$$

Wir wollen zunächst L_{hom} bestimmen, gesucht sind also Lösungen von

$$u'(x) + a(x)\,u(x) = 0 \quad \forall\; x \in I\,. \tag{1.10}$$

---

[1] **Jacques Hadamard (1865–1963), französischer Mathematiker**

Satz 7.1.8 *Sei* $a\colon \overline{I} \to \mathbb{R}$, $I = (\alpha, \beta)$, *stetig. Dann ist die Lösungsmenge von*

$$u'(x) + a(x)\, u(x) = 0 \qquad \forall\ x \in I$$

die Menge

$$L_{hom} = \left\{ u\colon \overline{I} \to \mathbb{R} \;\middle|\; u(x) = c \cdot e^{-A(x)} \text{ mit } c \in \mathbb{R} \right\},$$

wobei $A \in \int a(s)\, ds$.

Bemerkung: $L_{hom} \subset C^1\left(\overline{I}, \mathbb{R}\right) = \left\{ f\colon \overline{I} \to \mathbb{R} \mid f \text{ ist stetig differenzierbar} \right\}$
ist ein eindimensionaler Unterraum im Vektorraum $C^1\left(\overline{I}, \mathbb{R}\right)$. Grund dafür ist das sogenannte **Superpositionsprinzip**, welches für alle linearen homogenen Differentialgleichungen gilt: Ist $u_1 = u_1(x)$ und $u_2 = u_2(x)$ Lösung einer linearen homogenen DGL, dann folgt:

$$c_1 u_1 + c_2 u_2 \quad \text{ist ebenso Lösung} \quad \forall\ c_1, c_2 \in \mathbb{R}$$

Beispiele 7.1.9 **(i)** $u'(x) + a \cdot u(x) = 0$, $a = \text{const.}$ *hat Lösungen der Form* $u(x) = c \cdot e^{-ax}$.

(ii) $u'(x) - x^n \cdot u(x) = 0$, $n \in \mathbb{N}$ *fest.*
$u(x) = c \cdot \exp\left(\frac{x^{n+1}}{n+1}\right)$ *sind alle Lösungen.*

Inhomogene lineare Differentialgleichungen 1. Ordnung

$$u'(x) + a(x)\, u(x) = f(x) \qquad \forall\ x \in I = (\alpha, \beta) \tag{1.11}$$

Setze $\mu(x) := \exp(A(x))$ mit $A \in \int a(s)\, ds$.

Dann gilt $\mu' = a \cdot \mu$ und damit erfüllt jede Lösung $u = u(x)$ von (1.11)

$$\frac{d}{dx}(\mu \cdot u) = \mu \cdot u' + \mu' \cdot u = \mu \cdot f\,.$$

Es folgt $u(x) \in e^{-A(x)} \int e^{A(x)} f(x)\, dx$, das heißt, es gilt die Formel der **Variation der Konstanten**

$$u(x) = e^{-A(x)} \cdot \left[c + \int_\alpha^x e^{A(\xi)}\, f(\xi)\, d\xi \right] \tag{1.12}$$

mit einem geeigneten $c \in \mathbb{R}$.

Satz 7.1.10 *Seien* $a, f\colon \overline{I} \to \mathbb{R}$ *stetige vorgegebene Funktionen mit* $I = (\alpha, \beta)$. *Dann hat die Differentialgleichung*

$$u'(x) + a(x)\, u(x) = f(x) \qquad \forall\; x \in I \tag{1.13}$$

die Lösungsmenge

$$L_{inh} = e^{-A(x)} \int e^{A(x)}\, f(x)\, dx\ , \tag{1.14}$$

wobei A *eine Stammfunktion von* a *ist. Ist* $\beta = \infty$ *und* $\overline{I} = [\alpha, \infty)$, *dann existieren die Lösungen* $u = u(x)$ *von (1.13)* **global**, *d.h. für alle* $x \in [\alpha, \infty)$.

Bemerkung: Wegen (1.12) gilt: L_{inh} = partikulare Lösung + L_{hom}. Manchmal lässt sich solch **eine** partikuläre Lösung auch raten. Dann muss man für L_{inh} nur noch L_{hom} bestimmen.

Beispiel 7.1.11 $u'(x) + u(x) = x^2$.

Die Lösungen sind

$$\begin{aligned} u(x) &\in e^{-x} \int e^{x}\, x^2\, dx \\ &= x^2 - 2x + 2 + ce^{-x}\ . \end{aligned}$$

Ist statt (1.13) ein **AWP** gegeben, muss man **eine** Lösung aus L_{inh} auswählen:

Satz 7.1.12 *Seien* $a, f\colon \overline{I} \to \mathbb{R}$ *stetig.* $x_0 \in \overline{I} = [\alpha, \beta]$ *und* $u_0 \in \mathbb{R}$ *gegeben. Dann hat die Anfangswertaufgabe*

$$\left\{ \begin{aligned} u' + a(x)\, u(x) &= f(x) \qquad \forall\; x \in (x_0, \beta) \\ u(x_0) &= u_0 \end{aligned} \right. \tag{1.15}$$

die **eindeutig** *bestimmte Lösung*

$$u(x) = \exp\Big(- A(x)\Big) \cdot \left\{ u_0 + \int_{x_0}^{x} \exp\Big(A(\xi)\Big)\, f(\xi)\, d\xi \right\}\ , \tag{1.16}$$

wobei $A(x) := \int_{x_0}^{x} a(s)\, ds$.

Um die Eindeutigkeit zu zeigen, benötigen wir das Lemma von Gronwall.

Satz 7.1.13 (Lemma von Gronwall[2])

Seien $g, h\colon [\alpha,\beta] \to \mathbb{R}$ stetig und nicht negativ, $C \geq 0$ eine Konstante und

$$g(x) \;\leq\; C \;+\; \int\limits_{\alpha}^{x} g(\xi)\, h(\xi)\, d\xi \qquad \forall\; x \in [\alpha,\beta]\;. \tag{1.17}$$

Dann gilt:

$$g(x) \;\leq\; C\; \exp\left(\int\limits_{\alpha}^{x} h(\xi)\, d\xi \right) \qquad \forall\; x \in [\alpha,\beta] \tag{1.18}$$

Beispiele 7.1.14 (i) $\begin{cases} u' + \dfrac{1}{x}\, u \;=\; x^3\,,\; x > 0 \\ u(1) \;=\; 2 \end{cases}$

hat als Lösung $u(x) \;=\; \dfrac{9}{5}\,\dfrac{1}{x} \;+\; \dfrac{1}{5}\, x^4.$

(ii) $\begin{cases} u'(x) \;+\; \dfrac{4x}{1+x^2}\, u(x) \;=\; x \qquad \forall\; x \in (1,2) \\ u(1) \;=\; \dfrac{1}{4} \end{cases}$

$$a(x) \;=\; \frac{4x}{1+x^2} \qquad \text{und} \qquad A(x) \;=\; \int\limits_{1}^{x} a(s)\, ds \;=\; \log\left[\left(\frac{1+x^2}{2} \right)^2 \right]$$

liefert als eindeutige Lösung

$$u(x) \;=\; \left(\frac{2}{1+x^2} \right)^2 \cdot \left\{ \frac{1}{3} \left[\left(\frac{1+x^2}{2} \right)^3 \;-\; 1 \right] \;+\; \frac{1}{4} \right\}\,.$$

Trennung der Variablen

Seien $f\colon I \to \mathbb{R}$ und $h\colon \mathbb{R} \to \mathbb{R}$ vorgegeben. Wir betrachten das AWP

$$\begin{cases} u'(x) \;=\; \dfrac{f(x)}{h(u(x))} \qquad \forall\; x \in I & (1.19) \\[2ex] u(x_0) \;=\; u_0\,. & (1.20) \end{cases}$$

[2]Thomas H. Gronwall (1877–1932), schwedischer Mathematiker

Wenn H **eine** Stammfunktion von h bezeichnet, und H invertierbar ist, so ist

$$u(x) \in H^{-1}\left(\int f(x)\,dx\right)$$

eine Lösung von (1.19).

Beispiel 7.1.15

(i) $$\begin{cases} u'(x) = \dfrac{x^2}{u^2(x)} & \forall\ x \in I\ , \\ u(x_0) = u_0 \end{cases}$$

hat als Lösung $u(x) = \sqrt[3]{x^3 + c}$ *mit* $c = u_0^3 - x_0^3$. u *und* c *lassen sich auch aus dem Ansatz*

$$\int_{x_0}^{x} u^2(\xi) \cdot u'(\xi)\,d\xi = \int_{x_0}^{x} \xi^2\,d\xi$$

berechnen.

(ii) $$\begin{cases} u'(x) = (1 + x^2)\,e^{-u(x)}\ , & x \in (1, \infty) \\ u(1) = 1 \end{cases}$$

liefert $u(x) = \log\left(e + x + \frac{1}{3}x^3 - \frac{4}{3}\right)$.

Definition 7.1.16 *Gewöhnliche Differentialgleichungen der Form*

$$u'(x) = f(x)\,g(u(x)) \quad \forall\ x \in I\ , \tag{1.21}$$

wobei $f\colon I \to \mathbb{R}$ *und* $g\colon J \to \mathbb{R}$ *stetig sein sollen, und* g *nirgends Null wird, nennt man* **separable Differentialgleichungen** *oder* **Differentialgleichungen mit getrennten Variablen**.

Satz 7.1.17 (Differentialgleichungen mit getrennten Variablen)
Seien I, $J \subset \mathbb{R}$ *offene Intervalle und*

$$f\colon I \to \mathbb{R}\ , \qquad g\colon J \to \mathbb{R}$$

zwei stetige Funktionen. Es werde vorausgesetzt, dass $g(y) \neq 0$ *für alle* $y \in J$.
Sei $(x_0, u_0) \in I \times J$ *ein Punkt.*

Wir definieren Funktionen $F\colon I \to \mathbb{R}$ *und* $G\colon J \to \mathbb{R}$ *durch*

$$F(x) := \int_{x_0}^{x} f(\xi)\,d\xi\ , \quad G(u) := \int_{u_0}^{u} \frac{d\eta}{g(\eta)}\ .$$

Es sei $I' \subset I$ ein Intervall mit $x_0 \in I'$ und $F(I') \subset G(J)$. Dann existiert genau eine Lösung $u\colon I' \to \mathbb{R}$ der Anfangswertaufgabe

$$\begin{cases} u'(x) &= f(x)\, g(u(x)) \quad \forall\ x \in I' \\ u(x_0) &= u_0\,. \end{cases} \tag{1.22}$$

Die Lösung erhält man, indem man

$$\int_{u_0}^{u(x)} \frac{d\eta}{g(\eta)} = \int_{x_0}^{x} f(\xi)\, d\xi \quad \textit{für alle} \quad x \in I' \tag{1.23}$$

nach $u(x)$ auflöst.

7.2 Lineare Differentialgleichungssysteme

Wir betrachten das homogene System von zwei Differentialgleichungen erster Ordnung

$$\begin{cases} u_1'(t) &= a_{11}u_1(t) + a_{12}u_2(t) \\ u_2'(t) &= a_{21}u_1(t) + a_{22}u_2(t) \end{cases}, \quad t \in \mathbb{R} \tag{2.1}$$

wobei $a_{11}, ..., a_{22}$ reelle Konstanten sein sollen. (2.1) kann man auch schreiben als:

$$u'(t) = A \cdot u(t)\,, \qquad t \in \mathbb{R}\,, \tag{2.2}$$

wobei $u(t) = \begin{pmatrix} u_1(t) \\ u_2(t) \end{pmatrix} \in \mathbb{R}^2$ und $A = \begin{pmatrix} a_{11} & a_{12} \\ a_{21} & a_{22} \end{pmatrix} \in \mathbb{R}^{2\times 2}$.

Bemerkung: Explizite lineare Differentialgleichungen n–ter Ordnung mit konstanten Koeffizienten lassen sich **immer** in ein System von n Differentialgleichungen erster Ordnung umwandeln.

Beispiel 7.2.1 *$v'''(t) + a\,v''(t) + b\,v'(t) + c\,v(t) = 0$, $t \in \mathbb{R}$, wobei $a, b, c \in \mathbb{R}$ vorgegeben sind, ist vermöge $u(t) := (v(t), v'(t), v''(t))^T$ äquivalent zu*

$$u'(t) = \begin{pmatrix} 0 & 1 & 0 \\ 0 & 0 & 1 \\ -c & -b & -a \end{pmatrix} u(t)$$

Wir wollen $e^{t \cdot A}$ auch für Matrizen $A \in \mathbb{R}^{n \times n}$ einführen.

Die Matrix–Exponentialfunktion

Wegen $e^{t \cdot a} = \sum\limits_{k=0}^{\infty} \frac{t^k}{k!} a^k$ für $a \in \mathbb{R}$, $t \in \mathbb{R}$ versuchen wir

$$\exp(tA) = e^{tA} := \sum_{k=0}^{\infty} \frac{t^k}{k!} A^k \qquad t \in \mathbb{R},\, A \in \mathbb{R}^{n \times n},$$

zu definieren, und zwar als „Grenzwert" (in $\mathbb{R}^{n \times n}$) der Folge von Matrizen

$$S^m := \sum_{k=0}^{m} \frac{t^k}{k!} A^k \in \mathbb{R}^{n \times n} \text{ für } m \to \infty . \tag{2.3}$$

Definition 7.2.2 (Konvergenz im $\mathbb{R}^{n \times n}$)

Sei $S^{(m)} = \left(S_{ij}^{(m)}\right)_{1 \le i,j \le n} \in \mathbb{R}^{n \times n}$, $m \in \mathbb{N}$, *eine Folge von Matrizen. Wir sagen* $S^{(m)}$ *konvergiert gegen* $S = (S_{ij})_{1 \le i,j \le n} \in \mathbb{R}^{n \times n}$ *für* $m \to \infty$, *falls alle Komponenten* $S_{ij}^{(m)}$ *gegen* S_{ij} *in* $\mathbb{R}$ *konvergieren. Das heißt*

$$\lim_{m \to \infty} S^{(m)} = S \;:\Longleftrightarrow\; \lim_{m \to \infty} S_{ij}^{(m)} = S_{ij} \quad \text{für alle} \quad 1 \le i,j \le n .$$

Lemma 7.2.3 (Norm auf $\mathbb{R}^{n \times n}$)

Für $A = (a_{ij})_{1 \le i,j \le n} \in \mathbb{R}^{n \times n}$ *ist durch*

$$\|A\| := \max_{1 \le i,j \le n} |a_{ij}| \tag{2.4}$$

eine Norm auf $\mathbb{R}^{n \times n}$ *erklärt, d.h. für Matrizen* $A, B \in \mathbb{R}^{n \times n}$ *gilt:*

(i) $\|A\| \ge 0$ *und* $\left[\|A\| = 0 \iff a_{ij} = 0 \quad \forall\, i,j = 1,...,n\right]$ **(positiv definit)**

(ii) $\|t \cdot A\| = |t| \cdot \|A\|$ *für alle* $t \in \mathbb{R}$

(iii) $\|A + B\| \le \|A\| + \|B\|$ **(Dreiecksungleichung)**

Ferner gilt:

(iv) $\|A \cdot B\| \le n \cdot \|A\| \cdot \|B\|$

(v) $\|A^k\| \le (n\,\|A\|)^k$, $\quad \forall\; k \in \mathbb{N}_0$

Satz 7.2.4 (Matrix–Exponentialfunktion)

Sei $A \in \mathbb{R}^{n\times n}$ *und* $t \in \mathbb{R}$. *Dann ist die Folge der Matrizen* $S^{(m)}(t) := \sum\limits_{k=0}^{m} \frac{t^k}{k!} \cdot A^k \in \mathbb{R}^{n\times n}$, $m \in \mathbb{N}$ *in* $\mathbb{R}^{n\times n}$ *konvergent für* $m \to \infty$. *Denn Grenzwert bezeichnen wir mit*

$$\exp(tA) \;=\; e^{tA} \;:=\; \sum_{k=0}^{\infty} \frac{t^k}{k!} A^k \in \mathbb{R}^{n\times n} \,. \tag{2.5}$$

Zusatz: *Ferner ist die Abbildung* $t \mapsto e^{tA}$, $\mathbb{R} \to \mathbb{R}^{n\times n}$ *auf beschränkten Intervallen gleichmäßig stetig.*

Beispiele 7.2.5 **(i)** *Sei* $A = T \cdot \Lambda \cdot T^{-1}$ *mit* $\Lambda = diag(\lambda_1, ..., \lambda_n) \in \mathbb{R}^{n\times n}$. *Dann ist*

$$S^m(t) \;=\; \sum_{k=0}^{m} \frac{t^k}{k!} \cdot A^k \;=\; T \left(\sum_{k=0}^{m} \frac{t^k}{k!} \Lambda^k \right) \cdot T^{-1}$$

und somit

$$\exp(tA) \;=\; \lim_{m\to\infty} S^{(m)}(t) \;=\; T \cdot \exp(t\Lambda) \cdot T^{-1} \,,$$

wobei $\exp(t\Lambda) = diag\left(e^{t\lambda_1}, ..., e^{t\lambda_n}\right)$.

(ii) $A = \begin{pmatrix} 0 & -1 \\ 1 & 0 \end{pmatrix}$

$$\exp(tA) \;=\; \begin{pmatrix} 1 - \frac{t^2}{2} + \frac{t^4}{4!} \mp \cdots & 0 - t + \frac{t^3}{3!} \mp \cdots \\ 0 + t - \frac{t^3}{3!} \pm \cdots & 1 - \frac{t^2}{2} + \frac{t^4}{4!} \mp \cdots \end{pmatrix}$$

$$= \begin{pmatrix} \cos t & -\sin t \\ \sin t & \cos t \end{pmatrix}.$$

Satz 7.2.6 *Seien* A *und* B *zwei* $(n \times n)$*–Matrizen. Dann gilt:*

(i) $\exp(A) \cdot \exp(B) = \exp(B) \cdot \exp(A) = \exp(A + B)$ *für alle* A, B *die* **kommutieren**, *d.h.*

$$A \cdot B \;=\; B \cdot A \,.$$

(ii) $\exp(0) = Id$, *wobei* 0 *die Nullmatrix ist.*

(iii) $(\exp(A))^{-1} = \exp(-A)$.

(iv) $\frac{d}{dt} \exp(tA) \;=\; A \cdot \exp(tA) \;=\; \exp(tA) \cdot A \quad \forall\; t \in \mathbb{R}$.

(v) *Für $C \in \mathbb{R}^{n\times n}$, invertierbar gilt:*

$$\exp(C^{-1}AC) = C^{-1}\exp(A)\cdot C$$

Beispiel 7.2.7 (Jordankästchen)

Für

$$B := \begin{pmatrix} 0 & 1 & \cdots\cdots & 0 \\ \vdots & \ddots & & \vdots \\ \vdots & & \ddots & 1 \\ 0 & \cdots & \cdots & 0 \end{pmatrix} \in \mathbb{R}^{n\times n} \text{ sei } J := \lambda Id + B = \begin{pmatrix} \lambda & 1 & 0 & \cdots\cdots & 0 \\ 0 & \ddots & \ddots & \ddots & \vdots \\ \vdots & \ddots & \ddots & \ddots & 0 \\ \vdots & & \ddots & \ddots & 1 \\ 0 & \cdots & \cdots & 0 & \lambda \end{pmatrix} \in \mathbb{R}^{n\times n}.$$

Dann gilt:

$$\exp(tJ) = \exp(t\lambda\cdot Id)\cdot\exp(tB) = e^{t\lambda}\cdot\left(\sum_{k=0}^{n-1}\frac{t^k}{k!}B^k\right)$$

Bemerkung: $A\cdot B = B\cdot A$ ist eine wesentliche Voraussetzung für **(i)** in Satz 7.2.6.

Satz 7.2.8 *Sei $A \in \mathbb{R}^{n\times n}$ eine $(n \times n)$–Matrix. Dann hat das lineare System von Differentialgleichungen*

$$u'(t) = A\cdot u(t), \quad t\in\mathbb{R} \tag{2.6}$$

die Lösungsmenge

$$L_{hom} = \left\{u\colon \mathbb{R}\to\mathbb{R}^n \;\middle|\; u(t) = \exp(tA)\cdot c, \quad c\in\mathbb{R}^n\right\}. \tag{2.7}$$

Die **eindeutig bestimmte Lösung** *des Anfangswertproblems (zu gegebenen $t_0\in\mathbb{R}$, $u_0\in\mathbb{R}^n$)*

$$\begin{cases} u'(t) = A\cdot u(t) & \forall\, t > t_0 \\ u(t_0) = u_0 \end{cases} \tag{2.8}$$

lautet

$$u(t) = \exp\Big((t-t_0)\,A\Big)\cdot u_0\,. \tag{2.9}$$

Beispiel 7.2.9

$$\begin{aligned} u_1'(t) &= \lambda\cdot u_1(t) + u_2(t)\,, \qquad \lambda\in\mathbb{R} \ \ \textit{fest}, \\ u_2'(t) &= \lambda\cdot u_2(t)\,, \end{aligned}$$

hat als Lösung (c_1, $c_2\in\mathbb{R}$ beliebig):

$$\begin{aligned} u_1(t) &= e^{\lambda t}\cdot(c_1 + c_2 t) \\ u_2(t) &= e^{\lambda t}\cdot c_2 \end{aligned}$$

Satz 7.2.10 (i) *Die Lösungsmenge (2.7) von (2.6) ist ein n–dimensionaler Vektorraum.*

(ii) *Seien $v_1(t), ..., v_n(t) \in \mathbb{R}^n$ Lösungen von (2.6) und $U(t) := (v_1(t), ..., v_n(t)) \in \mathbb{R}^{n \times n}$. Für die* **Wrónski[3]–Determinante** $W(t) := \det U(t) \in \mathbb{R}$ *gilt*

$$W(t) = W(t_0)\, e^{(t - t_0) \cdot spur A}, \tag{2.10}$$

wobei $spur\, A := \sum_{i=1}^{n} a_{ii} \in \mathbb{R}$ *die* **Spur** *der Matrix A ist.*

Für die Lösungen von (2.6) gilt für alle $t \in \mathbb{R}$ und festes $t_0 \in \mathbb{R}$:

$$v_1(t), ..., v_n(t) \text{ sind linear unabhängig} \iff v_1(t_0), ..., v_n(t_0) \text{ sind linear unabhängig} \tag{2.11}$$

Definition 7.2.11 *n linear unabhängige Lösungen $v_1 = v_1(t), ..., v_n = v_n(t)$ von (2.6) heißen* **Lösungsbasis** *oder* **Fundamentalsystem**.

Methoden der linearen Algebra werden zum Lösen von (2.6) wichtig:
Sei zum Beispiel $\lambda \in \mathbb{R}$ Eigenwert zum Eigenvektor $x \in \mathbb{R}^n$ von $A \in \mathbb{R}^{n \times n}$. Dann gilt:

$$u(t) = e^{\lambda t} \cdot x \in \mathbb{R}^n \quad \text{löst (2.6)} \tag{2.12}$$

Wegen Satz 7.2.10 ist

$$(v_1(t), ..., v_n(t)) := \exp(tA) \cdot B = (\exp(tA) \cdot x_1, ..., \exp(tA) \cdot x_n) \in \mathbb{R}^{n \times n}$$

ein **Fundamentalsystem** für (2.6), wenn $B = (x_1, ..., x_n) \in \mathbb{R}^{n \times n}$ invertierbar ist.

Fall A: $x = x_i \in \mathbb{R}^n$ ist Eigenvektor zum Eigenwert λ von A:

$$\exp(A)\, x = \left(Id + A + \frac{1}{2!} A^2 + \cdots \right) x = x + \lambda x + \frac{1}{2!} \lambda^2 x .+ \cdots = x\, e^{\lambda}$$

Demnach gilt auch

$$\exp(tA)\, x = e^{\lambda t} \cdot x . \tag{2.13}$$

Beispiel 7.2.12

$$\begin{aligned} u_1'(t) &= u_2(t) \\ u_2'(t) &= u_1(t) \end{aligned}, \quad d.h. \quad A = \begin{pmatrix} 0 & 1 \\ 1 & 0 \end{pmatrix} .$$

[3] Joseph M. Wrónski (1773–1853), polnischer Mathematiker

$\det(A - \lambda E_2) = \lambda^2 - 1 = 0$ hat Nullstellen $\lambda_1 = 1$ und $\lambda_2 = -1$.

$$x_1 = \frac{1}{\sqrt{2}} \begin{pmatrix} 1 \\ 1 \end{pmatrix} \quad \text{ist Eigenvektor zum Eigenwert} \quad \lambda_1 = 1$$

$$x_2 = \frac{1}{\sqrt{2}} \begin{pmatrix} 1 \\ -1 \end{pmatrix} \quad \text{ist Eigenvektor zum Eigenwert} \quad \lambda_2 = -1 \,.$$

Wir erhalten als Fundamentalsystem:

$$v_1(t) = \frac{1}{\sqrt{2}}\, e^t \begin{pmatrix} 1 \\ 1 \end{pmatrix}, \quad v_2(t) = \frac{1}{\sqrt{2}}\, e^{-t} \begin{pmatrix} 1 \\ -1 \end{pmatrix}$$

Fall B: $x \in \mathbb{R}^n$ ist Hauptvektor k–ter Stufe zum Eigenwert λ:

$$(A - \lambda\, Id)^k\, x = 0 \quad \text{und} \quad c^{(\ell)} := (A - \lambda\, Id)^\ell\, x \neq 0 \qquad \forall\; \ell = 0, ..., k-1$$

Hier gilt:

$$\begin{aligned} \exp(tA)\, x = e^{\lambda t} & \left\{ x + t\,(A - \lambda\, Id)\, x + \frac{t^2}{2!}\,(A - \lambda\, Id)^2\, x \right. \\ & \left. + \cdots + \frac{t^{k-1}}{(k-1)!}\,(A - \lambda\, Id)^{k-1}\, x \right\} = e^{\lambda t} \sum_{\ell=0}^{k-1} \frac{t^\ell}{\ell!}\, c^{(\ell)} \,. \end{aligned} \tag{2.14}$$

Zur Lösung der **GDGL** (2.6) genügt es folglich **Eigenwerte** und die zugehörigen **Eigen-** bzw. **Hauptvektoren** von A zu berechnen.

Beispiel 7.2.13

$$\begin{aligned} u_1'(t) &= 2u_1(t) + u_2(t) \\ u_2'(t) &= 2u_2(t) + u_3(t) \\ u_3'(t) &= 2u_3(t) \end{aligned} \quad , \quad \textit{das heißt} \quad A = \begin{pmatrix} 2 & 1 & 0 \\ 0 & 2 & 1 \\ 0 & 0 & 2 \end{pmatrix} .$$

Hier ist $\lambda = 2$ einziger Eigenwert und e_1 einziger Eigenvektor. $x = e_3$ ist Hauptvektor höchster Stufe $(k = 3)$. Die zugehörige **Hauptvektorkette** ist

$$c^{(0)} = x\,, \quad c^{(1)} = (A - 2\,Id)\, x = e_2\,, \quad c^{(2)} = (A - 2\,Id)^2\, x = e_1\,.$$

Dies liefert das folgende Fundamentalsystem:

$$v_1(t) = e^{2t} \cdot e_1\,, \quad v_2(t) = e^{2t}\,(e_2 + t\, e_1)\,, \quad v_3(t) = e^{2t} \left(e_3 + t\, e_2 + \frac{t^2}{2}\, e_1 \right)$$

Bemerkung 7.2.14 *Diese* **linearen DGL** *sind auch im Fall von* **nichtlinearen DGL** *enorm wichtig, welche in den Anwendungen oft auftreten (z.B. bei der* **Stabilitätsanalyse von Ruhelagen***).*

Definition 7.2.15 (Gleichgewicht / Ruhelage)

Sei

$$u' = G(u(x)), \quad x \in I \tag{2.15}$$

ein System gewöhnlicher Differentialgleichungen und $u_0 \in \mathbb{R}^n$ mit $G(u_0) = 0$. Dann nennen wir die **konstante Lösung** *$u(x) = u_0 \quad \forall\ x \in I$ ein* **Gleichgewicht** *oder* **Ruhelage** *von (2.15). Die Gleichung (2.15) für $u = u(x) \in \mathbb{R}^n$ heißt* **autonom**, *weil G von x nicht explizit abhängt.*

7.3 Klassifikation von Lösungen linearer Systeme im $\mathbb{R}^2$

Wir betrachten für $t \in \mathbb{R}$

$$\left\{ \begin{array}{lcl} u_1'(t) & = & au_1(t) + bu_2(t) \\ u_2'(t) & = & cu_1(t) + du_2(t) \end{array} \right. , \quad \text{d.h. (2.2) mit} \quad A = \begin{pmatrix} a & b \\ c & d \end{pmatrix} . \tag{3.1}$$

Mit $S := spur\, A = a + d$ und $D := \det A = ad - bc$ erhalten wir als Eigenwerte

$$\lambda = \frac{1}{2}\left(S - \sqrt{S^2 - 4D}\right), \quad \mu = \frac{1}{2}\left(S + \sqrt{S^2 - 4D}\right).$$

Fall I: λ, μ seien **reelle Eigenwerte** $\lambda \neq \mu$, d.h $S^2 - 4D > 0$.
Wenn $u_0^{(1)} \in \mathbb{R}^2$ und $u_0^{(2)} \in \mathbb{R}^2$ zugehörige linear unabhängige Eigenvektoren sind, so spannen

$$v_1(t) = e^{\lambda t}\, u_0^{(1)} \quad \text{und} \quad v_2(t) = e^{\mu t}\, u_0^{(2)} \in \mathbb{R}^2 \tag{3.2}$$

die Lösungsgesamtheit von (3.1) auf. Die allgemeine Lösung hat die Form $(\alpha, \beta \in \mathbb{R}$ fest)

$$u(t) = \alpha\, v_1(t) + \beta\, v_2(t) = \alpha \cdot e^{\lambda t}\, u_0^{(1)} + \beta \cdot e^{\mu t}\, u_0^{(2)}, \ t \in \mathbb{R}. \tag{3.3}$$

Wir wollen **Lösungskurven** von u, d.h. Mengen der Form $\{y \in \mathbb{R}^2 \colon y = u(t),\ t \in \mathbb{R}\}$ für spezielle Lösungen von (3.1) diskutieren. Die Mengen heißen auch **Trajektorien** oder **Phasenbahnen**. Die **Gesamtheit** der Trajektorien wird im so genannten **Phasenportrait** dargestellt. Setzen wir o.B.d.A. $\lambda < \mu$ voraus, ergeben sich fünf verschiedene Fälle:

(i) $\lambda < \mu < 0$

(ii) $\lambda < 0 < \mu$

(iii) $0 < \lambda < \mu$

(iv) $\lambda < \mu = 0$

(v) $\lambda = 0 < \mu$

ad(i) $\lambda < \mu < 0$

Sind speziell $u_0^{(1)} = \begin{pmatrix} 1 \\ 0 \end{pmatrix}$ und $u_0^{(2)} = \begin{pmatrix} 0 \\ 1 \end{pmatrix}$, dann gilt für $u(t) = (x(t)\,,\, y(t)) = \left(\alpha\, e^{\lambda t}\,,\, \beta\, e^{\mu t}\right)$, dass

$$\left(\frac{x(t)}{\alpha}\right)^{\mu} = \left(\frac{y(t)}{\beta}\right)^{\lambda}, \tag{3.4}$$

d.h. Trajektorien liegen auf **Parabeln** (vgl. Abbildung 7.1). Da alle Lösungen gegen die Ruhelage $u \equiv 0$ ($u(t) = 0 \quad \forall\, t \in \mathbb{R}$) streben, sprechen wir von einem *stabilen Knoten zweiter Art.*

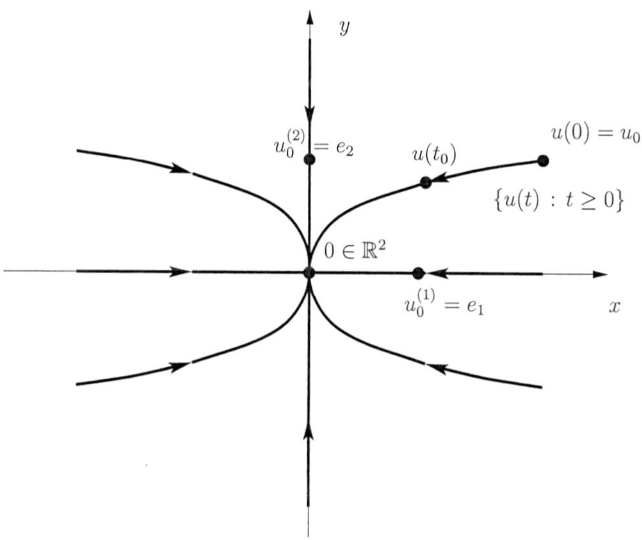

Abbildung 7.1: **Fall (i)**, stabiler Knoten zweiter Art

ad(ii) $\lambda < 0 < \mu$

Die Ruhelage $u \equiv 0$ ist ein *Sattelpunkt.* Sie ist *instabil*, weil es in jeder Umgebung von $u \equiv 0$ Anfangswerte $u_0 \in \mathbb{R}^2$ gibt mit $\|u(t;\, u_0)\| \to \infty$ $(t \to \infty)$ (vgl. Abbildung 7.2).

ad(iii) $0 < \lambda < \mu$

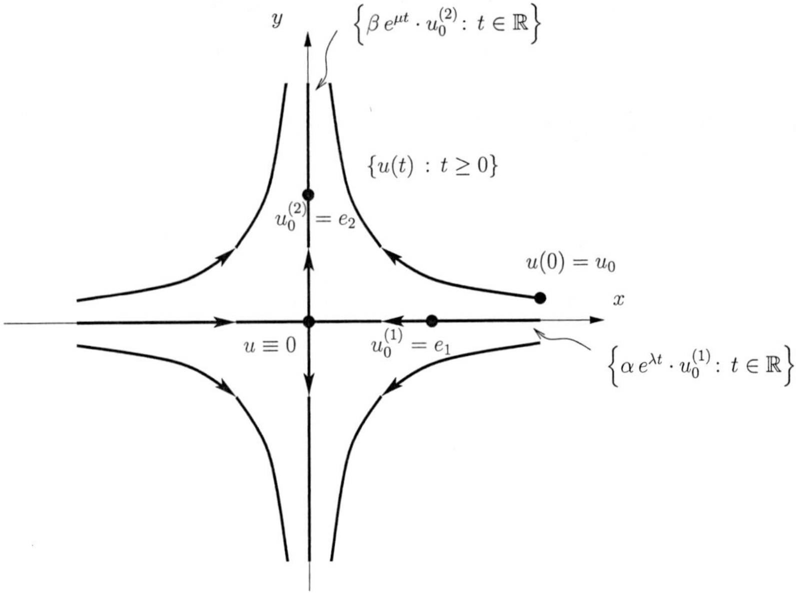

Abbildung 7.2: **Fall (ii)**, Sattelpunkt

Phasenportrait wie in **(i)**, nur Richtungsvektoren der Lösungskurven entgegengesetzt. $u \equiv 0$ ist *instabiler Knoten zweiter Art.*

ad(iv) $\lambda < \mu = 0$

Jeder Punkt auf *span* $\left\{u_0^{(2)}\right\}$ ist eine *Ruhelage*. Die Lösungen bewegen sich auf die Ruhelagen zu.

ad(v) $\lambda = 0 < \mu$

Phasenbild wie **(iv)**, nur $u_0^{(1)}$ und $u_0^{(2)}$ vertauscht. Die Lösungen bewegen sich von den Ruhelagen weg.

Fall II: λ sei ein **doppelter Eigenwert** ($\lambda = \mu$), d.h. $S^2 - 4D = 0$.

Ferner sei der zugehörige **Eigenraum zweidimensional**. Allgemeine Lösungen: $u(t) = e^{\lambda t} \cdot c\,,\ c \in \mathbb{R}^2$ beliebig.

ad(vi) $\lambda < 0$

$u \equiv 0$ *stabiler Knoten erster Art.*

ad(vii) $\lambda > 0$

$u \equiv 0$ *instabiler Knoten erster Art.*

ad(viii) $\lambda = 0$

Jeder Punkt in $\mathbb{R}^2$ ist *Ruhelage.*

Definition 7.3.1 (Klassifikation von Knoten)

Alle Lösungen münden in die Ruhelage $u \equiv 0$ *und zwar*

1. **Art:** *mit jeder möglichen Richtung*
2. **Art:** *mit endlich vielen verschiedenen Richtungen*
3. **Art:** *alle mit derselben Richtung*

Definition 7.3.2 (Stabilität)

Streben alle Lösungen auf die Ruhelage $u \equiv 0$ *zu, so heißt sie* **stabil**. *Gibt es Lösungen beliebig nahe bei* $u \equiv 0$*, die von* $u \equiv 0$ *wegstreben, so heißt die Ruhelage* **instabil**.

Fall III: $\lambda = \mu$ sei ein **doppelter Eigenwert**, d.h. $S^2 - 4D = 0$; der **zugehörige Eigenraum** sei **eindimensional**, d.h. $u_0^{(1)} \in \mathbb{R}^2$ sei **Eigenvektor** und $u_0^{(2)} \in \mathbb{R}^2$ **Hauptvektor zweiter Stufe**.

Die allgemeine Lösung ist hier

$$u(t) = \alpha e^{\lambda t} u_0^{(1)} + \beta e^{\lambda t} \left(u_0^{(2)} + t\, u_0^{(1)} \right) . \tag{3.5}$$

Wir unterscheiden die Fälle:

(ix) $\lambda < 0$

(x) $\lambda > 0$

(xi) $\lambda = 0$

ad(ix)/(x) $\lambda \neq 0$:

Wegen

$$\frac{u(t)}{t \cdot e^{\lambda t}} - \beta \cdot u_0^{(1)} = \frac{\alpha\, u_0^{(1)} + \beta\, u_0^{(2)}}{t} \to 0 \quad (t \to \infty)$$

ist für $\beta \neq 0$, $u(t) \approx c(t) \cdot u_0^{(1)}$ für große t, d.h. Lösungen sind in der Nähe der Ruhelage $u \equiv 0$ tangential an *span* $\left\{ u_0^{(1)} \right\}$, vgl. Abbildung 7.3 *(Knoten dritter Art).*

ad(xi) $\lambda = 0$

span $\left\{ u_0^{(1)} \right\}$ besteht nur aus *Ruhelagen.*

Fall IV: λ und μ seien **konjugiert komplexe Eigenwerte**, d.h. $S^2 - 4D < 0$.

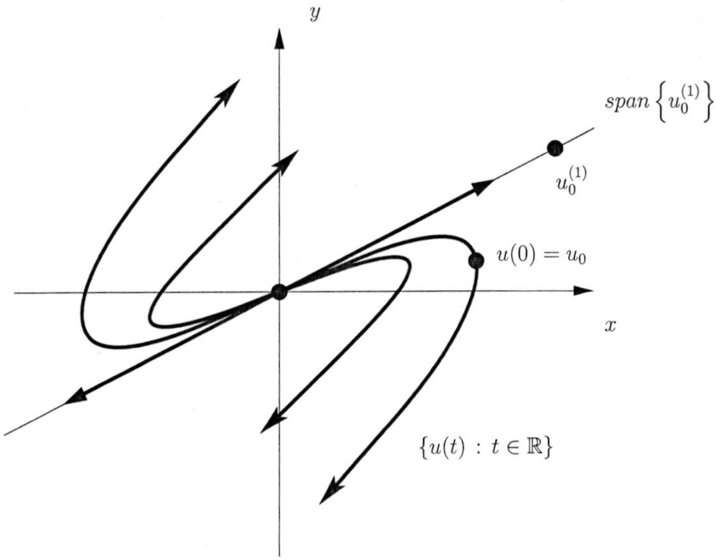

Abbildung 7.3: **Fall (x)**, instabiler Knoten dritter Art

Beispiel 7.3.3 $u' = A \cdot u$ *mit* $A = \begin{pmatrix} 0 & -1 \\ 1 & 0 \end{pmatrix}$.

A hat Eigenwerte $\lambda_1 = i$ und $\lambda_2 = -i$ mit zugehörigen Eigenvektoren

$$v = \begin{pmatrix} i \\ 1 \end{pmatrix} \quad \text{und} \quad w = \begin{pmatrix} 1 \\ i \end{pmatrix}.$$

Wir erhalten (komplexe) Lösungen $v_1, v_2 \colon \mathbb{R} \to \mathbb{C}^2$

$$\begin{aligned} v_1(t) &= e^{it} \cdot v &= \begin{pmatrix} -\sin t \\ \cos t \end{pmatrix} + i \begin{pmatrix} \cos t \\ \sin t \end{pmatrix} \\ v_2(t) &= e^{-it} \cdot w &= \begin{pmatrix} \cos t \\ \sin t \end{pmatrix} + i \begin{pmatrix} -\sin t \\ \cos t \end{pmatrix}. \end{aligned}$$

Daraus lässt sich ein (reelles) Fundamentalsystem von $u' = Au$ konstruieren ($\alpha, \beta \in \mathbb{R}$):

$$\begin{pmatrix} u_1(t) \\ u_2(t) \end{pmatrix} = \begin{pmatrix} \cos t & -\sin t \\ \sin t & \cos t \end{pmatrix} \begin{pmatrix} \alpha \\ \beta \end{pmatrix} \tag{3.6}$$

Lemma 7.3.4 *Für die* $(n \times n)$*–Matrix* $A \in \mathbb{R}^{n \times n}$ *sei* $x \in \mathbb{C}^n$ *ein Eigen- oder Hauptvektor zum komplexen Eigenwert* λ, $\lambda \notin \mathbb{R}$. *Dann ist* $\overline{x} \in \mathbb{C}^n$ *Eigen- bzw. Hauptvektor zum Eigenwert* $\overline{\lambda}$ *und* $Re\, x \in \mathbb{R}^n$ *und* $Im\, x \in \mathbb{R}^n$ *sind linear unabhängig (über* $\mathbb{R}$*).*

Sind $\lambda = \nu + i\eta$ und $\mu = \nu - i\eta$ konjugiert komplexe Eigenwerte von A (mit $\eta \neq 0$), dann ist die allgemeine Lösung von (3.1) von der Form

$$u(t) = e^{\nu t} \left\{ (\alpha \cos(\eta t) + \beta \sin(\eta t))\, u_0^{(1)} + (-\alpha \sin(\eta t) + \beta \cos(\eta t))\, u_0^{(2)} \right\} \in \mathbb{R}^2 \quad (3.7)$$

mit $\alpha, \beta \in \mathbb{R}$, $u_0^{(1)}, u_0^{(2)} \in \mathbb{R}^2$.

Wir unterscheiden die Fälle:

(xii) $\nu = 0:$ $u(0) = u(2\pi k),\ k \in \mathbb{N}$ Lösung ist 2π–periodisch (für $\eta = 1$) (vgl. Abbildung 7.4) (*Zentrum*)

(xiii) $\nu < 0:$ $e^{\nu t}$ dämpft $\|u(t)\| \to 0\,,\quad t \to \infty$ (*stabiler Strudelpunkt*)

(xiv) $\nu > 0:$ $e^{\nu t}$ wächst $\|u(t)\| \to 0\,,\quad t \to -\infty$ (*instabiler Strudelpunkt*)

$u \equiv 0$ ist immer einzige *Ruhelage*.

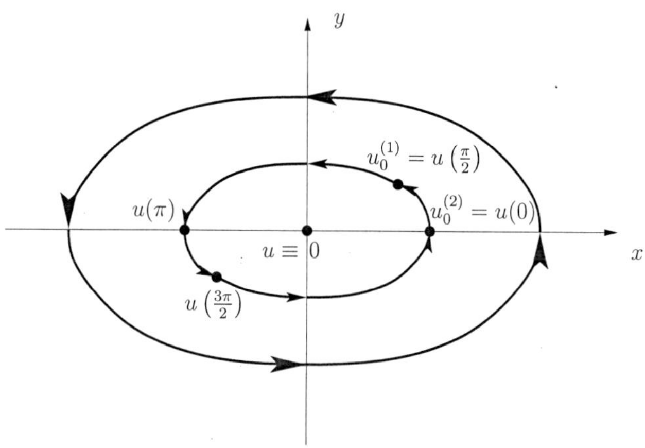

Abbildung 7.4: **Fall (xii)**, Zentrum ($\alpha = 0, \beta = 1$)

Zusammenfassung der Ruhelagen von $u' = Au$, $n = 2$: Meyberg, Vachenauer HM II , S. 140.

7.4 Weitere spezielle Differentialgleichungen erster Ordnung

Bernoullische[4] Differentialgleichungen

Wir betrachten für gegebene stetige Funktionen $a, b\colon \overline{I} \to \mathbb{R}$, $I = (\alpha, \beta)$, $\nu \in \mathbb{R} \setminus \{0, 1\}$ die GDGL

$$u'(x) + a(x)\,u(x) = b(x)\,u^{\nu}(x)\,, \qquad x \in I\,. \tag{4.1}$$

Der Ansatz

$$u(x) = [v(x)]^{\mu} \quad \text{mit} \quad \mu = \frac{1}{1-\nu} \tag{4.2}$$

führt auf die lineare DGL

$$v' + \frac{a(x)}{\mu}\,v = \frac{b(x)}{\mu} \tag{4.3}$$

für $v = v(x)$.

Beispiel 7.4.1 $u' + 2xu = x^3u^3\,, \quad x \in I.$

Mit $\mu = \frac{1}{1-3} = -1/2\,,\ u = 1/\sqrt{v}$ *erhält man*

$$v' - 4xv = -2x^3\,. \tag{4.4}$$

Ansatz vom Typ der rechten Seite

Für eine **partikuläre Lösung** von (4.4) machen wir den Ansatz $v_0(x) = \alpha_2 x^2 + \alpha_1 x + \alpha_0$, wobei $\alpha_i \in \mathbb{R}$ aus (4.4) zu bestimmen sind. Man erhält $v_0(x) = \frac{1}{2}\,x^2 + \frac{1}{4}$ und als **Lösungsgesamtheit** von (4.4)

$$v_0 + L_{hom} \quad \text{mit} \quad L_{hom} = \left\{C \cdot e^{2x^2}\,,\ C \in \mathbb{R}\right\}.$$

Dies ergibt als Lösung von Beispiel 7.4.1

$$u(x) = \left\{\frac{1}{2}\,x^2 + \frac{1}{4} + C \cdot e^{2x^2}\right\}^{-1/2}, \qquad C = const\,. \tag{4.5}$$

---

[4]Johann Bernoulli (1667–1748), schweizer Mathematiker

Riccatische[5] Differentialgleichungen

$$u'(x) + a(x)\,u(x) = b(x) + c(x)\,u^2(x)\,, \qquad x \in I\,. \tag{4.6}$$

Hier sind $a, b, c\colon I \to \mathbb{R}$ vorgegeben und $u = u(x)\,,\ x \in I$ gesucht. Wir nehmen an, eine partikuläre Lösung $u_0 = u_0(x)$ von (4.6) sei bereits bekannt und machen den Ansatz

$$u(x) - u_0(x) =: \frac{1}{v(x)}\,, \qquad v(x) \neq 0\,, \tag{4.7}$$

welcher die lineare GDGL

$$v' + (2c(x)\,u_0(x) - a(x))\,v = -\,c(x) \tag{4.8}$$

für $v = v(x)$ liefert.

Beispiel 7.4.2 $u' - 4x^2 u = 4 - xu^2$ *hat als partikuläre Lösung* $u_0(x) = 4x$.
Der Ansatz (4.7) führt auf

$$v' - 4x^2 v = x\,.$$

7.5 Gewöhnliche Differentialgleichungen zweiter Ordnung

Gemäß Definition 7.1.2 sind gewöhnliche Differentialgleichungen 2. Ordnung von der Form

$$\mathcal{G}\,(x,\, u(x),\, u'(x),\, u''(x)) = 0\,, \qquad \forall\ x \in I \tag{5.1}$$

bzw.

$$u'' = G\,(x\,,\, u(x)\,,\, u'(x))\,, \qquad \forall\ x \in I\,, \tag{5.2}$$

wobei $I = (\alpha, \beta) \subset \mathbb{R}$.

Beispiel 7.5.1 $u''(x) = f(x) \quad \forall\ x \in I$ *mit* $f\colon I \to \mathbb{R}$ *gegeben, hat als allgemeine Lösung*

$$u(x) = \int\limits_{\alpha}^{x} \left(\int\limits_{\alpha}^{\xi} f(s)\,ds \right) d\xi + c_1 x + c_0 \tag{5.3}$$

mit $c_0,\, c_1 \in \mathbb{R}$.

---

[5]Riccati (1676–1754), italienischer Mathematiker

Beispiel 7.5.2 *$G = G(x, y, y_1)$ hängt nicht von y ab, d.h.*

$$u''(x) = G(x, u'(x)) . \tag{5.4}$$

Setzt man $v(x) := u'(x)$, so muss v

$$v'(x) = G(x, v(x)) \tag{5.5}$$

erfüllen.

Definition 7.5.3 *Seien $a, b, f\colon I \to \mathbb{R}$ stetige Funktionen. Dann heißt*

$$u''(x) + a(x)\,u'(x) + b(x)\,u(x) = f(x) , \qquad \forall\ x \in I , \tag{5.6}$$

eine **lineare gewöhnliche Differentialgleichung 2. Ordnung**.
Ist $f(x) = 0 \quad \forall\ x \in I$, so heißt (5.6) **homogen**, *sonst* **inhomogen**. *Die Menge*

$$L_{inh} := \{u\colon I \to \mathbb{R}\colon\ u,\, u',\, u'' \text{ stetig auf } I\,, \text{ mit } u'' + au' + bu = f \text{ auf } I\} \subset C^2(I, \mathbb{R})$$

heißt **Lösungsmenge** *von (5.6), bzw.*

$$L_{hom} := \{u\colon I \to \mathbb{R}\colon\ u,\, u',\, u'' \text{ stetig auf } I\,, \text{ mit } u'' + au' + bu = 0 \text{ auf } I\}$$

ist die Lösungsmenge im **homogenen Fall**.

Bemerkung 7.5.4 *Auch hier gilt das* **Superpositionsprinzip** *für lineare GDGL:*

$$\left.\begin{array}{l} \text{Sind } u_1, u_2\colon I \to \mathbb{R} \text{ Lösungen} \\ \text{von (5.6) und } c_1, c_2 \in \mathbb{R} \end{array}\right\} \Longrightarrow \left\{\begin{array}{l} u(x) := c_1u_1(x) + c_2u_2(x) \text{ löst} \\ u'' + a(x)\,u' + b(x)\,u = (c_1 + c_2)\,f(x) \end{array}\right. \tag{5.7}$$

Homogene lineare DGL; konstante Koeffizienten

Wir suchen zunächst Lösungen $u = u(x)$, $x \in \mathbb{R}$, von

$$u'' + au' + bu = 0 \qquad \text{mit Konstanten } a, b \in \mathbb{R} . \tag{5.8}$$

Der Ansatz $u(x) = e^{\lambda x}$, $\lambda \in \mathbb{C}$, führt auf die **charakteristische Gleichung**

$$\chi(\lambda) := \lambda^2 + a\,\lambda + b = 0 \text{ mit Nullstellen } \lambda_{1,2} = -\frac{a}{2} \pm \frac{1}{2}\sqrt{a^2 - 4b} .$$

1. Fall: $D := a^2 - 4b > 0$: d.h. $\lambda_1 \neq \lambda_2$, $\lambda_1, \lambda_2 \in \mathbb{R}$.

Allgemeine Lösung von (5.8) ($c_1, c_2 \in \mathbb{R}$ beliebig):

$$u(x) = c_1 e^{\lambda_1 x} + c_2 e^{\lambda_2 x} \tag{5.9}$$

2. Fall: $D = 0$: d.h. $\lambda_1 = \lambda_2 \in \mathbb{R}$.

Allgemeine Lösung von (5.8):

$$u(x) = c_1 e^{\lambda_1 x} + c_2 x e^{\lambda_1 x} \tag{5.10}$$

3. Fall: $D < 0$: d.h. $\lambda_1 = \nu + i\eta$, $\lambda_2 = \nu - i\eta$ mit $\eta \neq 0$, $\nu, \eta \in \mathbb{R}$.

Allgemeine Lösung von (5.8):

$$u(x) = e^{\nu x} \Big(c_1 \cos(\eta x) + c_2 \sin(\eta x) \Big) \tag{5.11}$$

Beispiel 7.5.5 **(i)** $u'' + k^2 u = 0$, $k > 0$, *hat als allgemeine Lösung*

$$u(x) = c_1 \sin(kx) + c_2 \cos(kx) .$$

(ii) $u'' - k^2 u = 0$, $k > 0$, *hat als allgemeine Lösung*

$$u(x) = c_1 e^{-kx} + c_2 e^{kx} = C_1 \sinh(kx) + C_2 \cosh(kx) .$$

Bemerkung 7.5.6 *Der Ansatz* $u(x) = e^{\lambda x}$, $\lambda \in \mathbb{C}$, *funktioniert auch bei linearen DGL höherer Ordnung mit konstanten Koeffizienten* $a_0, a_1, ..., a_{k-1} \in \mathbb{R}$*:*

$$u^{(k)} + a_{k-1} u^{(k-1)} + \ldots + a_1 u' + a_0 u = 0 \tag{5.12}$$

hat als **charakteristische Gleichung**

$$\chi(\lambda) := \lambda^k + a_{k-1} \lambda^{k-1} + \ldots + a_1 \lambda + a_0 = 0 .$$

Ist etwa λ_0 *eine* ℓ*–fache reelle Nullstelle von* χ*, so sind*

$$e^{\lambda_0 x},\ x e^{\lambda_0 x},\ x^2 e^{\lambda_0 x}, ..., x^{\ell-1} e^{\lambda_0 x}$$

ℓ *reelle, linear unabhängige* **Basisfunktionen** *von (5.12).*

Bemerkung: Zusammenhang zu Systemen

Wir können (5.8) auch als System schreiben:

$$v' = Av , \quad v = \begin{pmatrix} v_1 \\ v_2 \end{pmatrix} \in \mathbb{R}^2 \text{ mit } A = \begin{pmatrix} 0 & 1 \\ -b & -a \end{pmatrix} \in \mathbb{R}^{2\times 2} \tag{5.13}$$

Homogene lineare Differentialgleichungen; nicht konstante Koeffizienten

$$u''(x) + a(x)\,u'(x) + b(x)\,u(x) = 0 \qquad \forall\ x \in I \tag{5.14}$$

Annahme: Wir kennen bereits eine Lösung $u_1\colon I \to \mathbb{R}$ von (5.14).

Zur Bestimmung einer **zweiten Basisfunktion** $u_2\colon I \to \mathbb{R}$ aus L_{hom} machen wir den Ansatz

$$u_2(x) = v(x)\,u_1(x), \qquad \text{wobei } v\colon I \to \mathbb{R} \text{ gesucht wird}. \tag{5.15}$$

Die Funktion v muss dann

$$u_1\,v'' + (2u_1' + au_1)\,v' = 0 \qquad \text{lösen.} \tag{5.16}$$

Wir setzen $w := v'$ in (5.16) und falls $u_1(x) \neq 0$, hat

$$w' + \left(2\,\frac{u_1'}{u_1} + a\right) w = 0\,, \tag{5.17}$$

die allgemeine Lösung

$$w(x) = \frac{c}{u_1^2(x)}\,e^{-A(x)}\,, \quad c \in \mathbb{R}\,, \quad \text{wobei } A'(x) = a(x)\,.$$

Damit ist

$$u_2(x) \in u_1(x) \int \frac{c}{u_1^2(x)}\,e^{-A(x)}\,dx\,.$$

Satz 7.5.7 *Sei u_1 eine Lösung von (5.14) und es sei $u_1(x) \neq 0 \quad \forall\ x \in I$. A sei eine Stammfunktion von a. Dann ist die allgemeine Lösung von (5.14)*

$$\begin{aligned} u(x) &= c_1u_1(x) + c_2u_1(x) \int \frac{1}{u_1^2(x)}\,e^{-A(x)}\,dx\,, \qquad c_1, c_2 \in \mathbb{R}\,, \\ \text{d.h. } L_{hom} &= \left\{c_1u_1(x) + c_2u_1(x) \int \frac{1}{u_1^2(x)}\,e^{-A(x)}\,dx\,, \quad c_1, c_2 \in \mathbb{R}\right\}. \end{aligned} \tag{5.18}$$

Beispiel 7.5.8 *Sei $0 \notin I$*

$$u''(x) + x\,\alpha(x)\,u'(x) - \alpha(x)\,u(x) = 0 \qquad \forall\ x \in I\,,$$

wobei $\alpha\colon I \to \mathbb{R}$ *(stetig) gegeben sei. Offensichtlich ist* $u_1(x) = x$ *eine Lösung mit* $u_1 \neq 0$ *auf* I *und damit ist*

$$L_{hom} = \left\{ c_1 x + c_2 x \int\limits_{x_0}^{x} \frac{1}{s^2}\, e^{-A(s)}\, ds \,, \quad c_1, c_2 \in \mathbb{R} \right\},$$

wobei $A(x) = \int\limits_{x_0}^{x} s \cdot \alpha(s)\, ds$ *und* $x_0 \in I$ *fest gewählt wird.*

Inhomogene Gleichungen

Satz 7.5.9 *Die* **Lösungsgesamtheit** L_{inh} *der Gleichung*

$$u''(x) + a(x)\, u'(x) + b(x)\, u(x) = f(x) \qquad \forall\, x \in I \tag{5.19}$$

ist von der Form

$$L_{inh} = u_0 + L_{hom} \,,$$

wobei u_0 *eine partikuläre Lösung von (5.19) ist und* L_{hom} *die Lösungsgesamtheit von (5.14)*

$$u''(x) + a(x)\, u'(x) + b(x)\, u(x) = 0 \qquad \forall\, x \in I$$

bezeichnet.

Beispiel 7.5.10

$$u'' + u' - 2u = \sin 4x \qquad \forall\, x \in I\,. \tag{5.20}$$

(5.9) liefert

$$L_{hom} = \left\{ u(x) = c_1\, e^{x} + c_2\, e^{-2x}, \quad c_1, c_2 \in \mathbb{R} \right\}.$$

Um L_{inh} zu bestimmen, benötigen wir noch eine partikuläre Lösung von (5.20).

Ansatz vom Typ der rechten Seite

$$u_0(x) = P_0 \cos 4x + Q_0 \sin 4x \quad \text{mit} \quad P_0, Q_0 \in \mathbb{R}\,.$$

Einsetzen in (5.20) und Koeffizientenvergleich liefert $P_0 = -1/85$, $Q_0 = -9/170$. Damit ist

$$L_{inh} = \left\{ u(x) = -\frac{1}{85} \cos 4x - \frac{9}{170} \sin 4x + c_1\, e^{x} + c_2\, e^{-2x}, \quad c_1, c_2 \in \mathbb{R} \right\}$$

die Lösungsmenge für (5.20).

Alternative Lösungsansätze für partikuläre Lösungen:

- Laplace–Transformation (HM IV)
- Potenzreihenansatz: $u(x) = \sum_{k=0}^{\infty} a_k\, x^k$ in (5.19) einsetzen und $(a_k)_{k\in \mathbb{N}_0}$ bestimmen

Variation der Konstanten

Seien zwei linear unabhängige Lösungen u_1, u_2 von (5.14) bekannt.

Ziel: Konstruktion einer partikulären Lösung $u_0 = u_0(x)$ von (5.19)
$u'' + a(x)\, u' + b(x)\, u = f(x)$

Nötige Voraussetzung:

$$W(x) := u_1(x)\, u_2'(x) - u_2(x)\, u_1'(x) \neq 0 \qquad \forall\, x \in I \tag{5.21}$$

Wir machen für u_0 den Ansatz

$$u_0(x) = \alpha(x)\, u_1(x) + \beta(x)\, u_2(x)\,, \tag{5.22}$$

wobei $\alpha = \alpha(x)$ mit $\beta = \beta(x)$ noch zu bestimmen sind. Fordern wir der Einfachheit halber

$$\alpha'\, u_1 + \beta'\, u_2 = 0\,, \tag{5.23}$$

so ist u_0 eine Lösung von (5.19), falls

$$\alpha'\, u_1' + \beta'\, u_2' = f \tag{5.24}$$

erfüllt ist. Wegen der Voraussetzung (5.21) lässt sich die Lösung von (5.23) und (5.24) direkt angeben:

$$\alpha'(x) = \frac{-f(x)\cdot u_2(x)}{W(x)}\,, \qquad \beta'(x) = \frac{f(x)\cdot u_1(x)}{W(x)}$$

Die gesuchten Funktionen α und β gewinnt man durch Integration.

Satz 7.5.11 (Variation der Konstanten) *Es seien u_1, u_2 Lösungen der homogenen Gleichung (5.14) in I, und es gelte (5.21). Dann ist für fest gewähltes $x_0 \in I$*

$$u_0(x) = u_1(x) \int_{x_0}^{x} \frac{-f(s)\, u_2(s)}{W(s)}\, ds + u_2(x) \int_{x_0}^{x} \frac{f(s)\, u_1(s)}{W(s)}\, ds\,, \tag{5.25}$$

eine partikuläre Lösung von (5.19).

Die Bedingung (5.21) ist bereits erfüllt, falls nur $W(x_0) \neq 0$ für einen Punkt $x_0 \in I$ gilt:

Lemma 7.5.12 *u_1, u_2 seien Lösungen von (5.14)*

$$u''(x) + a(x)\,u'(x) + b(x)\,u(x) = 0 \qquad \forall\ x \in I\ .$$

In einem Punkt $x_0 \in I$ gelte $W(x_0) = u_1(x_0)\,u_2'(x_0) - u_2(x_0)\,u_1'(x_0) \neq 0$. Dann gilt $W(x) \neq 0 \quad \forall\ x \in I$.

Satz 7.5.13 *Wir betrachten*

$$u'' + au' + bu = f(x)\,,\ x \in I \subset \mathbb{R}\,,\ \textit{mit } a, b = const. \tag{5.26}$$

Dann hat, je nach Fall, (5.26) folgende homogene Lösungen u_1, u_2, eine partikuläre Lösung u_0, sowie $W = u_1\,u_2' - u_2\,u_1' \neq 0$:

(i) (aperiodischer Grenzfall): $4b - a^2 = 0$;

$$u_1(x) = e^{-\frac{a}{2}x}\,,\ u_2(x) = xe^{-\frac{a}{2}x}\ .$$

$$W(x) = e^{-ax} \quad \textit{und} \quad u_0(x) = \int_{x_0}^{x} e^{-\frac{a}{2}(x-s)}\,(x - s)\,f(s)\,ds\ ,$$

wobei x_0 ein (beliebiger fester) Punkt aus I ist.

(ii) (periodischer Fall): $4b - a^2 > 0$; *Wir setzen* $k := \frac{1}{2}\sqrt{4b - a^2}$.

$$u_1(x) = e^{-\frac{a}{2}x}\cos(kx)\,,\ u_2(x) = e^{-\frac{a}{2}x}\sin(kx)\,,$$

$$W(x) = k \cdot e^{-ax}$$

$$u_0(x) = \frac{1}{k}\int_{x_0}^{x} e^{-\frac{a}{2}(x-s)} \cdot f(s) \cdot \sin\left(k(x-s)\right) ds$$

(iii) (aperiodischer Fall): $4b - a^2 < 0$; *Wir setzen* $k := \frac{1}{2}\sqrt{a^2 - 4b}$.

$$u_1(x) = e^{-\frac{a}{2}x}\cosh(kx)\,,\ u_2(x) = e^{-\frac{a}{2}x}\sinh(kx)\,,$$

$$W(x) = k \cdot e^{-ax}$$

$$u_0(x) = \frac{1}{k}\int_{x_0}^{x} e^{-\frac{a}{2}(x-s)}\,f(s)\,\sinh\left(k(x-s)\right) ds$$

Beweis: (nur **(i)**) Nach (5.10) ist $u_1(x) = e^{-\frac{a}{2}x}$ und $u_2(x) = x \cdot e^{-\frac{a}{2}x}$ ein Fundamentalsystem für die homogene Gleichung. $W(x) = e^{-ax}$ folgt unmittelbar. Dann folgt aus (5.25)

$$u_0(x) = e^{-\frac{a}{2}x}\left[\int_{x_0}^{x} \frac{-f(s) \cdot s \cdot e^{-\frac{a}{2}s}}{e^{-as}}\,ds + x \cdot \int_{x_0}^{x} \frac{f(s)\,e^{-\frac{a}{2}s}}{e^{-as}}\,ds\right] = \int_{x_0}^{x} e^{-\frac{a}{2}(x-s)}\,(x-s)\,f(s)\,ds\ .$$

Anhang A

Axiome der reellen Zahlen

<table>
<tr><td colspan="3">Körperaxiome: Es sind zwei Verknüpfungen (Addition und Multiplikation) definiert, so dass folgende Axiome erfüllt sind:</td><td rowspan="3">Körper</td><td rowspan="7">total angeordneter Körper</td><td rowspan="8">vollständiger total angeordneter Körper</td></tr>
<tr><td>Axiome der Addition
Assoziativgesetz
Kommutativgesetz
Existenz der Null
Existenz des Negativen</td><td>und</td><td>Axiome der Multiplikation
Assoziativgesetz
Kommutativgesetz
Existenz der Eins
Existenz des Inversen
(zu Elementen $\neq 0$)</td></tr>
<tr><td colspan="3">Distributivgesetz , $0 \neq 1$</td></tr>
<tr><td colspan="4">Anordnungsaxiome: Es sind gewisse Elemente als positiv ausgezeichnet ($x > 0$), so dass folgende Axiome erfüllt sind.</td></tr>
<tr><td colspan="4">Für jedes Element x gilt genau eine der Beziehungen
$x > 0$, $x = 0$, $-x > 0$</td></tr>
<tr><td colspan="4">$x > 0 \wedge y > 0 \;\Rightarrow\; x + y > 0$</td></tr>
<tr><td colspan="4">$x > 0 \wedge y > 0 \;\Rightarrow\; xy > 0$</td></tr>
<tr><td>Vollständigkeitsaxiom (Infimumsversion):
Jede nach unten beschränkte Menge besitzt ein Infimum aus dem Körper.</td><td>oder</td><td colspan="3">Vollständigkeitsaxiom (Cauchy–Version):
Jede Cauchy–Folge konvergiert.</td></tr>
</table>

Anhang B

Tabelle der Grundintegrale

Im folgenden sind a, b, C, α reelle Zahlen, $a \neq 0$. Zugrunde gelegt werden Intervalle, in denen die auftretenden Nenner nicht verschwinden.

$$\int x^\alpha \, dx = \frac{x^{\alpha+1}}{\alpha+1} + C \quad (\alpha \neq -1)$$

$$\int \frac{1}{x+a} \, dx = \log|x+a| + C$$

$$\int \cos(ax) \, dx = \frac{1}{a} \sin(ax) + C \quad ,$$

$$\int \sin(ax) \, dx = -\frac{1}{a} \cos(ax) + C$$

$$\int e^{ax} \, dx = \frac{1}{a} e^{ax} + C$$

$$\int \frac{dx}{\sqrt{a^2 - x^2}} = \arcsin \frac{x}{|a|} + C \quad (a^2 - x^2 > 0)$$

$$\int \frac{dx}{\sqrt{a + x^2}} = \log|x + \sqrt{x^2 + a}| + C \quad (a + x^2 > 0)$$

$$\int \frac{dx}{x^2 - a^2} = \frac{1}{2a} \log\left|\frac{x-a}{x+a}\right| + C$$

$$\int \frac{dx}{x^2 + a^2} = \frac{1}{a} \arctan \frac{x}{a} + C$$

$$\int \frac{f'(x)}{f(x)} \, dx = \log|f(x)| + C$$

$$\int \log|x|\,dx = x\left(\log|x| - 1\right) + C \quad (x \neq 0)$$

$$\int \frac{1}{\cos^2(ax)}\,dx = \frac{1}{a}\tan(ax) + C \quad ,$$

$$\int \frac{1}{\sin^2(ax)}\,dx = -\frac{1}{a}\cot(ax) + C$$

$$\int \tan(ax)\,dx = -\frac{1}{a}\log(\cos(ax)) + C \quad ,$$

$$\int \cot(ax)\,dx = \frac{1}{a}\log(\sin(ax)) + C$$

$$\int \cosh(ax)\,dx = \frac{1}{a}\sinh(ax) + C \quad ,$$

$$\int \sinh(ax)\,dx = \frac{1}{a}\cosh(ax) + C$$

$$\int \frac{dx}{\cosh^2(ax)}\,dx = \frac{1}{a}\tanh(ax) + C \quad ,$$

$$\int \frac{dx}{\sinh^2(ax)}\,dx = -\frac{1}{a}\coth(ax) + C$$

Weiterführende Integrale findet man unter anderem in [BS06].

Abbildungsverzeichnis

Index

Literaturverzeichnis

[AE98] H. Amann and Escher. *Analysis I.* Birkhäuser, 1998.

[BHW92] K. Burg, H. Haf, and F. Wille. *Höhere Mathematik für Ingenieure, Band II.* Teubner, Stuttgart, 3 edition, 1992.

[BHW93] K. Burg, H. Haf, and F. Wille. *Höhere Mathematik für Ingenieure, Band III.* Teubner, Stuttgart, 3 edition, 1993.

[BHW97] K. Burg, H. Haf, and F. Wille. *Höhere Mathematik für Ingenieure, Band I.* Teubner, Stuttgart, 4 edition, 1997.

[BS06] I.N. Bronstein and K.A. Semendjajew. *Taschenbuch der Mathematik.* Verlag Harri Deutsch, Frankfurt am Main, 2 edition, 2006.

[MV01a] K. Meyberg and P. Vachenauer. *Höhere Mathematik 1.* Springer–Verlag, Berlin, 6 edition, 2001.

[MV01b] K. Meyberg and P. Vachenauer. *Höhere Mathematik 2.* Springer–Verlag, Berlin, 4 edition, 2001.